Fisica Quantistica per Principianti

Comprendere l'Incomprensibile: Dalla teoria della relatività ai buchi neri, scopri i segreti nascosti dell'universo e la potenza della legge dell'attrazione.

Di Riccardo Ferrara

Copyright © 2024 di Riccardo Ferrara

Tutti I diritti riservati

Nessuna parte di questo libro può essere riprodotta in qualsiasi forma senza il permesso scritto dell'editore, ad eccezione di quanto consentito dalla legge sul copyright italiana

Sommario

- Capitolo 1 5
- Introduzione alla Fisica Quantistica 5
- Capitolo 2 36
- Le Basi della Fisica Classica 36
- Capitolo 3 64
- La Rivoluzione della Fisica Quantistica 64
- Capitolo 4 93
- Principi Fondamentali della Fisica Quantistica 93
- Capitolo 5 121
- La Teoria della Relatività e la Fisica Quantistica 121
- Capitolo 6 149
- Gli Esperimenti Pionieristici 149
- Capitolo 7 176
- La Meccanica Quantistica e i Buchi Neri 176
- Capitolo 9 229
- Applicazioni della Fisica Quantistica nella Tecnologia 229
- Capitolo 10 257

La Legge dell'Attrazione e la Fisica Quantistica _____ 257

Capitolo 11 _____ 284

Fisica Quantistica e Filosofia _____ 284

Capitolo 12 _____ 323

Il Futuro della Fisica Quantistica _____ 323

Conclusione _____ 351

Glossario _____ 356

Capitolo 1

Introduzione alla Fisica Quantistica

Definizione di Fisica Quantistica

La fisica quantistica è uno dei rami più affascinanti e rivoluzionari della fisica moderna, rappresentando una vera e propria rivoluzione nella nostra comprensione del mondo microscopico. A differenza della fisica classica, che descrive il mondo su scala macroscopica e ci ha fornito le leggi fondamentali che regolano il movimento dei corpi celesti e degli oggetti quotidiani, la fisica quantistica esplora il comportamento delle particelle a livello subatomico, dove le leggi della fisica classica non sono più valide.

Alla sua base, la fisica quantistica studia le particelle elementari, come elettroni, protoni e neutroni, e le loro interazioni. Queste particelle non seguono le regole intuitive della fisica classica. Ad esempio, possono esistere in più stati contemporaneamente, un fenomeno noto come sovrapposizione quantistica. Possono anche essere interconnesse in modi che sfidano la nostra comprensione tradizionale della distanza e del tempo, attraverso un fenomeno chiamato entanglement.

Una delle prime scoperte che ha segnato la nascita della fisica quantistica è stata la quantizzazione dell'energia. Max Planck, all'inizio del XX secolo, scoprì che l'energia non viene emessa in modo continuo, ma in pacchetti discreti chiamati "quanti". Questo ha portato a una visione completamente nuova della natura dell'energia e della luce, che è alla base di molti fenomeni fisici che osserviamo. Successivamente, Albert Einstein, attraverso lo studio dell'effetto fotoelettrico, ha confermato che la luce stessa può essere vista come composta di particelle chiamate fotoni, ognuno con una quantità specifica di energia.

La fisica quantistica è importante per molte ragioni. Prima di tutto, ha aperto le porte a una comprensione più profonda e accurata del funzionamento dell'universo a livello microscopico. Ha permesso di spiegare fenomeni che la fisica classica non riusciva a descrivere adeguatamente, come il comportamento degli atomi e delle molecole, la conduzione elettrica nei materiali e le proprietà dei semiconduttori, che sono alla base della moderna tecnologia elettronica. Inoltre, la fisica quantistica è il fondamento di molte tecnologie avanzate che usiamo oggi. I laser, i transistor, i microchip e molte altre invenzioni cruciali per la nostra vita quotidiana derivano direttamente dalle scoperte fatte nel campo della fisica quantistica. Senza di essa, il mondo moderno come lo conosciamo non esisterebbe.

Ma l'importanza della fisica quantistica va oltre le applicazioni tecnologiche. Essa ci offre una nuova prospettiva sulla realtà stessa. Le sue scoperte ci costringono a rivedere concetti fondamentali come lo spazio, il tempo e la causalità. Ci mostrano un universo molto più strano e affascinante di quanto avessimo mai immaginato, dove le particelle possono influenzarsi reciprocamente a distanza istantaneamente, e dove la certezza è sostituita dalla probabilità. La fisica quantistica è quindi un campo che non solo arricchisce il nostro sapere scientifico, ma stimola anche la nostra immaginazione e ci sfida a pensare oltre i confini della conoscenza tradizionale. Per questi motivi, è considerata una delle più grandi conquiste dell'intelletto umano, un campo di studio che continuerà a evolvere e a influenzare profondamente il nostro mondo nei decenni e nei secoli a venire.

In sintesi, la fisica quantistica non è solo una disciplina scientifica, ma una chiave per svelare i segreti più profondi dell'universo, aprendo la strada a nuove scoperte e rivoluzioni tecnologiche. La fisica quantistica ci invita a guardare il mondo con occhi nuovi, a considerare possibilità che sfidano la nostra intuizione e a riconoscere che ciò che vediamo e percepiamo è solo una piccola parte di una realtà molto più complessa e sfuggente. Questa disciplina ci insegna che a livello subatomico, le particelle possono comportarsi in modi che sembrano paradossali e che la nostra comprensione classica della fisica deve essere ampliata per includere questi fenomeni controintuitivi.

Uno degli aspetti più intriganti della fisica quantistica è il principio di indeterminazione di Heisenberg, che afferma che non è possibile conoscere simultaneamente con precisione assoluta sia la posizione che la quantità di moto (momento) di una particella. Questo principio ha implicazioni profonde, suggerendo che a un livello fondamentale, l'universo è governato da una sorta di indeterminazione intrinseca. Questa scoperta ha cambiato radicalmente la nostra comprensione della natura della realtà, introducendo un elemento di incertezza che non esiste nella fisica classica.

Inoltre, la fisica quantistica ha dato vita a una serie di teorie e interpretazioni che cercano di spiegare i suoi fenomeni misteriosi. Una delle interpretazioni più note è l'Interpretazione di Copenaghen, proposta da Niels Bohr e Werner Heisenberg, che sostiene che le proprietà delle particelle non esistono in uno stato definito finché non vengono misurate. Questo porta a un'altra affascinante idea: l'atto della misurazione stessa influisce sul risultato, un concetto che sfida la nostra concezione tradizionale di un universo oggettivo e indipendente dall'osservatore.

Altre interpretazioni, come la teoria dei molti mondi di Hugh Everett, propongono che ogni volta che viene effettuata una misurazione, l'universo si divide in una serie di universi paralleli, ciascuno corrispondente a uno dei possibili esiti della misurazione. Questa idea, sebbene ancora oggetto di dibattito, apre nuove prospettive su temi come il libero arbitrio, la realtà e la natura stessa dell'esistenza.

La fisica quantistica non solo sfida e amplia la nostra comprensione scientifica, ma ha anche un impatto profondo su altre discipline, come la filosofia e la metafisica. Le domande sollevate dalle scoperte quantistiche spingono i filosofi a riesaminare concetti di realtà, causalità e conoscenza, creando un ponte tra scienza e filosofia che arricchisce entrambe le aree. In conclusione, la fisica quantistica è una delle aree più dinamiche e stimolanti della scienza moderna. È una disciplina che ci porta a esplorare i confini della conoscenza umana, a riconsiderare le nostre convinzioni fondamentali e a immaginare un universo molto più vasto e misterioso di quanto avessimo mai sognato. Studiarla non significa solo acquisire nuove conoscenze scientifiche, ma anche intraprendere un viaggio intellettuale che ci aiuta a comprendere meglio la natura dell'universo e il nostro posto al suo interno. La fisica quantistica ci insegna che, nonostante le complessità e le stranezze del mondo microscopico, la ricerca della verità scientifica è una delle avventure più affascinanti e gratificanti che l'umanità possa intraprendere.

Storia della Fisica Quantistica

La storia della fisica quantistica è una saga affascinante di scoperta e innovazione, iniziata all'alba del XX secolo e ancora in continua evoluzione. Prima dell'avvento della fisica quantistica, il mondo scientifico era dominato dalla fisica classica, le cui leggi sembravano spiegare perfettamente il comportamento degli oggetti su scala macroscopica. Tuttavia, alcune anomalie osservate a livello microscopico hanno iniziato a mettere in discussione queste leggi e a preparare il terreno per una nuova rivoluzione scientifica.

La storia della fisica quantistica comincia con Max Planck, un fisico tedesco che, nel 1900, propose un'idea radicale per risolvere il problema della radiazione del corpo nero. Secondo la fisica classica, l'energia emessa da un corpo nero doveva aumentare all'infinito con la frequenza della radiazione, un risultato noto come "catastrofe ultravioletta". Planck risolse questo problema suggerendo che l'energia non viene emessa in modo continuo, ma in piccoli pacchetti discreti chiamati "quanti". Questa idea rivoluzionaria introdusse la costante di Planck e segnò la nascita della fisica quantistica.

Pochi anni dopo, Albert Einstein fece un ulteriore passo avanti con la sua spiegazione dell'effetto fotoelettrico. Nel 1905, Einstein propose che la luce stessa fosse composta da quanti di energia, oggi noti come fotoni. Questa idea era in netto contrasto con la concezione classica della luce come onda continua, e fornì una solida base per la teoria quantistica della luce. L'effetto fotoelettrico dimostrava che la luce poteva comportarsi sia come un'onda sia come una particella, un concetto che sarebbe diventato fondamentale nella fisica quantistica.

Negli anni seguenti, diversi scienziati contribuirono allo sviluppo della teoria quantistica. Niels Bohr, con il suo modello atomico nel 1913, propose che gli elettroni orbitano intorno al nucleo a livelli di energia discreti. Quando un elettrone salta da un livello all'altro, emette o assorbe un fotone con una quantità di energia specifica. Questo modello spiegava le linee spettrali degli atomi e rafforzava ulteriormente la teoria dei quanti.

Nel 1924, Louis de Broglie introdusse il concetto di dualismo onda-particella, proponendo che non solo la luce, ma tutte le particelle di materia, come gli elettroni, possiedono proprietà ondulatorie. Questa idea fu confermata sperimentalmente pochi anni dopo, aprendo la strada alla meccanica ondulatoria di Erwin Schrödinger. Schrödinger sviluppò l'equazione d'onda che descrive il comportamento probabilistico delle particelle subatomiche. Questa equazione divenne uno degli strumenti fondamentali della fisica quantistica.

Parallelamente, Werner Heisenberg formulò il principio di indeterminazione nel 1927, affermando che non è possibile conoscere simultaneamente con precisione assoluta sia la posizione sia la quantità di moto di una particella. Questo principio introdusse un elemento di incertezza intrinseca nella fisica quantistica, cambiando radicalmente la nostra comprensione della natura della realtà.

Un altro contributo significativo venne da Paul Dirac, che nel 1928 sviluppò un'equazione che combinava la meccanica quantistica con la teoria della relatività ristretta di Einstein. L'equazione di Dirac prevedeva l'esistenza dell'antimateria, una scoperta che fu confermata sperimentalmente pochi anni dopo.

Negli anni '30 e '40, la teoria quantistica dei campi cominciò a prendere forma, integrando la meccanica quantistica con la teoria della relatività per descrivere le interazioni tra particelle subatomiche. Questo sviluppo culminò nella formulazione della teoria elettrodinamica quantistica (QED) da parte di Richard Feynman, Julian Schwinger e Sin-Itiro Tomonaga. La QED è considerata una delle teorie più precise e di successo nella storia della fisica.

La fisica quantistica ha continuato a evolversi nel corso del XX secolo e oltre, con nuove scoperte e teorie che hanno approfondito la nostra comprensione del mondo subatomico. La teoria delle stringhe, la gravità quantistica e la ricerca dei bosoni di Higgs sono solo alcuni degli esempi delle frontiere attuali della fisica quantistica.

In sintesi, la storia della fisica quantistica è una testimonianza della creatività e della perseveranza della mente umana. Da Planck a Einstein, da Bohr a Schrödinger e oltre, ogni scoperta ha costruito su quelle precedenti, portandoci a una comprensione sempre più profonda e complessa dell'universo. La fisica quantistica non è solo una teoria scientifica, ma una finestra su un mondo di possibilità che sfida la nostra intuizione e amplia i confini della conoscenza umana.

Differenze con la Fisica Classica

La fisica classica e la fisica quantistica rappresentano due paradigmi fondamentali, ma distinti, nella comprensione delle leggi dell'universo. Sebbene entrambe le teorie mirino a descrivere il comportamento della materia e dell'energia, i principi e le predizioni che ne derivano differiscono in modo significativo, specialmente quando si tratta delle scale di grandezza alle quali vengono applicate. Comprendere questi contrasti principali è essenziale per apprezzare la rivoluzione introdotta dalla fisica quantistica.

La fisica classica, sviluppata principalmente tra il XVII e il XIX secolo, è costruita sulle leggi di Newton, Maxwell e altri scienziati che descrivono il comportamento degli oggetti su scala macroscopica. Queste leggi ci permettono di prevedere con precisione il moto dei pianeti, il comportamento delle macchine e molti fenomeni della vita quotidiana. Un principio cardine della fisica classica è il determinismo: data la posizione e la velocità iniziali di un oggetto, è possibile prevederne esattamente la traiettoria futura. Questo approccio vede l'universo come una macchina perfettamente prevedibile, dove ogni effetto ha una causa ben definita.

La fisica quantistica, d'altra parte, si applica al mondo microscopico delle particelle subatomiche e introduce un livello di indeterminatezza che contrasta nettamente con il determinismo della fisica classica. Uno degli aspetti più distintivi della fisica quantistica è il principio di indeterminazione di Heisenberg, che afferma che non è possibile conoscere simultaneamente con precisione assoluta sia la posizione che la quantità di moto di una particella. Questa indeterminatezza non è dovuta a limiti strumentali, ma è una proprietà intrinseca della natura.

Un'altra differenza cruciale riguarda la natura delle onde e delle particelle. Nella fisica classica, onde e particelle sono entità distinte: le onde, come quelle sonore o luminose, si propagano attraverso un mezzo continuo, mentre le particelle sono oggetti discreti che seguono traiettorie definite. La fisica quantistica, invece, introduce il dualismo onda-particella, dimostrando che le particelle subatomiche, come gli elettroni, possono comportarsi sia come particelle che come onde a seconda del tipo di esperimento condotto. Questo dualismo è stato confermato da esperimenti come quello della doppia fenditura, dove le particelle mostrano un comportamento ondulatorio producendo un pattern di interferenza.

Inoltre, mentre la fisica classica considera le energie come quantità continue e divisibili, la fisica quantistica introduce il concetto di quantizzazione. L'energia in un sistema quantistico non può assumere qualsiasi valore, ma solo valori discreti chiamati "quanti". Questo è evidente, per esempio, negli atomi, dove gli elettroni possono occupare solo specifici livelli energetici e transizioni tra questi livelli comportano l'emissione o l'assorbimento di quanti di luce (fotoni).

La fisica classica e quella quantistica differiscono anche nella descrizione dei sistemi multipartecipanti. In fisica classica, le proprietà di un sistema possono essere descritte interamente dalle proprietà delle sue parti componenti. Tuttavia, in fisica quantistica, emerge il fenomeno dell'entanglement, dove le proprietà di due o più particelle possono essere correlate in modo tale che lo stato di una particella dipende istantaneamente dallo stato dell'altra, indipendentemente dalla distanza che le separa. Questo effetto non ha paralleli nella fisica classica e introduce concetti di non-località che sfidano la nostra intuizione.

Un altro contrasto significativo riguarda l'approccio probabilistico della fisica quantistica. Mentre la fisica classica può prevedere con precisione il risultato di un esperimento, la fisica quantistica fornisce solo la probabilità di vari risultati possibili. L'equazione d'onda di Schrödinger, ad esempio, descrive la probabilità di trovare una particella in una determinata posizione, non la posizione esatta.

Queste differenze fondamentali hanno profonde implicazioni filosofiche e pratiche. La fisica classica funziona eccezionalmente bene per descrivere il mondo macroscopico e quotidiano, ma la fisica quantistica è necessaria per comprendere e descrivere i fenomeni a scala atomica e subatomica. In effetti, molte delle tecnologie moderne, dai semiconduttori ai laser, sono basate su principi quantistici.

In conclusione, mentre la fisica classica e la fisica quantistica rappresentano due visioni complementari del mondo naturale, la transizione da una all'altra segna una delle più grandi rivoluzioni scientifiche della storia. La fisica quantistica ci offre una visione del mondo in cui le certezze classiche lasciano il posto a probabilità e possibilità, ampliando i confini della nostra comprensione e rivelando un universo più complesso e affascinante di quanto avessimo mai immaginato.

Ambiti di Applicazione

La fisica quantistica, con la sua natura controintuitiva e affascinante, trova applicazione in una vasta gamma di ambiti che vanno ben oltre la teoria pura. Sebbene inizialmente possa sembrare un campo di studio altamente astratto, le sue implicazioni pratiche sono immense e hanno rivoluzionato numerosi settori della tecnologia e della scienza moderna. Esploriamo alcuni degli ambiti più rilevanti in cui la fisica quantistica trova applicazione, dimostrando come queste teorie abbiano trasformato il mondo in cui viviamo.

Uno dei campi più noti in cui la fisica quantistica ha avuto un impatto significativo è quello dell'elettronica e dell'informatica. I transistor, i componenti fondamentali dei moderni circuiti elettronici, sfruttano principi quantistici per funzionare. Senza la comprensione della fisica quantistica, non avremmo potuto sviluppare i microprocessori che alimentano i nostri computer, smartphone e innumerevoli altri dispositivi elettronici. Questi componenti sono alla base dell'industria tecnologica, consentendo la miniaturizzazione e la potenza di calcolo che caratterizzano l'era digitale.

Un altro ambito di applicazione cruciale è quello dei laser. I laser funzionano grazie alla stimolazione quantistica, un processo che coinvolge l'emissione di fotoni coerenti. I laser sono diventati strumenti indispensabili in molteplici settori, dalla medicina, dove sono utilizzati in chirurgia e in terapie avanzate, alle telecomunicazioni, dove facilitano la trasmissione dati su lunghe distanze attraverso fibre ottiche. Inoltre, i laser sono fondamentali per una varietà di applicazioni industriali, tra cui il taglio e la saldatura di materiali con estrema precisione.

La fisica quantistica ha anche rivoluzionato il campo della crittografia e della sicurezza delle informazioni. La crittografia quantistica, basata su principi come l'entanglement e la superposizione, offre un livello di sicurezza che non può essere raggiunto con i metodi tradizionali. I sistemi di crittografia quantistica sono in grado di rilevare qualsiasi tentativo di intercettazione, rendendo estremamente sicura la comunicazione dei dati sensibili. Questo ha implicazioni enormi per la sicurezza informatica, la protezione delle informazioni governative e delle transazioni finanziarie.

Un'altra applicazione affascinante è nel campo della computazione quantistica. I computer quantistici sfruttano i qubit, che possono esistere in più stati contemporaneamente grazie alla sovrapposizione quantistica. Questa caratteristica consente di eseguire calcoli complessi a velocità inimmaginabili con i computer classici. Anche se la computazione quantistica è ancora in fase di sviluppo, promette di rivoluzionare settori come la chimica computazionale, la modellazione finanziaria, l'intelligenza artificiale e la risoluzione di problemi ottimizzativi complessi.

La fisica quantistica ha anche trovato applicazioni nel campo della metrologia, la scienza delle misurazioni. Gli orologi atomici, che utilizzano transizioni quantistiche negli atomi di cesio o rubidio, sono gli strumenti di misura del tempo più precisi che esistano. Questi orologi sono fondamentali per il Global Positioning System (GPS), consentendo una sincronizzazione temporale estremamente accurata che è essenziale per la navigazione satellitare e molte altre applicazioni.

Inoltre, la fisica quantistica è alla base della tecnologia dei semiconduttori, che è alla base di tutti i dispositivi elettronici moderni. La comprensione delle bande energetiche negli atomi e delle transizioni elettroniche è fondamentale per progettare materiali semiconduttori con proprietà specifiche, utilizzati in diodi, LED, e celle solari.

Infine, la fisica quantistica ha aperto nuove frontiere nella medicina attraverso lo sviluppo della risonanza magnetica nucleare (RMN). La RMN utilizza proprietà quantistiche dei nuclei atomici per creare immagini dettagliate del corpo umano, permettendo una diagnosi non invasiva di molte condizioni mediche. Questa tecnologia è diventata uno strumento indispensabile nella pratica medica moderna, migliorando significativamente la capacità di diagnosi e trattamento delle malattie.

In conclusione, la fisica quantistica non è solo una teoria accademica, ma una fonte di innovazioni pratiche che hanno trasformato la nostra società. Dall'elettronica alla medicina, dalle telecomunicazioni alla sicurezza informatica, le applicazioni della fisica quantistica sono ovunque, migliorando la qualità della vita e aprendo nuove possibilità per il futuro. Questa disciplina continua a essere una delle forze motrici del progresso tecnologico e scientifico, con potenziali applicazioni future che potrebbero essere ancora più rivoluzionarie di quelle che conosciamo oggi.

Sfide e Paradossi

La fisica quantistica, con tutte le sue meraviglie e applicazioni, è anche una disciplina piena di sfide e paradossi che mettono alla prova la nostra comprensione della realtà. Questi problemi non sono semplici curiosità accademiche; sollevano questioni fondamentali sulla natura dell'universo e il nostro posto al suo interno. Esplorare alcuni dei principali problemi e paradossi della fisica quantistica può offrirci un affascinante sguardo su quanto ancora dobbiamo imparare.

Uno dei paradossi più celebri della fisica quantistica è il paradosso del gatto di Schrödinger, ideato da Erwin Schrödinger nel 1935. Questo esperimento mentale descrive un gatto chiuso in una scatola con un meccanismo quantistico che ha il 50% di probabilità di ucciderlo e il 50% di probabilità di lasciarlo vivo, a seconda dello stato di una particella subatomica. Secondo l'interpretazione di Copenaghen della meccanica quantistica, finché non si apre la scatola e si osserva, il gatto è simultaneamente vivo e morto. Questo paradosso mette in luce la bizzarria della sovrapposizione quantistica e la difficoltà di conciliare il comportamento quantistico con il mondo macroscopico che osserviamo quotidianamente.

Un altro paradosso intrigante è il problema della misurazione quantistica, noto anche come il problema dell'osservatore. Nella meccanica quantistica, il processo di misurazione sembra "collassare" la funzione d'onda di una particella da una sovrapposizione di stati a un singolo stato determinato. Tuttavia, il meccanismo esatto di questo collasso e il ruolo dell'osservatore umano sono ancora poco chiari. Questo solleva domande profonde sulla natura della realtà e sul fatto che la coscienza umana possa avere un ruolo fondamentale nell'universo.

L'entanglement quantistico è un altro fenomeno che sfida la nostra intuizione.

Quando due particelle sono entangled, lo stato di una particella è legato istantaneamente allo stato dell'altra, indipendentemente dalla distanza che le separa. Albert Einstein chiamava questo fenomeno "azione spettrale a distanza" e lo considerava incompatibile con la teoria della relatività, che limita la velocità di trasmissione delle informazioni alla velocità della luce. Esperimenti successivi, come quelli di Alain Aspect negli anni '80, hanno confermato l'esistenza dell'entanglement, ma il meccanismo attraverso il quale avviene rimane uno dei grandi misteri della fisica.

Il principio di indeterminazione di Heisenberg, che afferma che non è possibile conoscere simultaneamente con precisione assoluta sia la posizione che la quantità di moto di una particella, presenta un'altra sfida. Questo principio implica che esiste un limite fondamentale alla nostra capacità di conoscere completamente lo stato di un sistema quantistico. Questa indeterminazione non è dovuta a limitazioni tecnologiche, ma è una caratteristica intrinseca della natura stessa.

Un ulteriore problema riguarda l'unificazione della fisica quantistica con la teoria della relatività generale di Einstein. Mentre la meccanica quantistica descrive con successo i fenomeni a scala subatomica, e la relatività generale spiega le forze gravitazionali e il comportamento dello spazio-tempo su scala cosmica, le due teorie sono incompatibili tra loro in alcune circostanze. La gravità quantistica, la teoria che tenta di unificare queste due visioni del mondo, è ancora in fase di sviluppo, con approcci come la teoria delle stringhe e la gravità quantistica a loop che cercano di fornire una soluzione coerente.

Infine, il problema dell'interpretazione della meccanica quantistica continua a essere un'area di intenso dibattito. Diverse interpretazioni cercano di spiegare i fenomeni quantistici in modi differenti, dalla famosa Interpretazione di Copenaghen, alla teoria dei molti mondi di Hugh Everett, che propone l'esistenza di un numero infinito di universi paralleli, ciascuno corrispondente a un diverso esito di un evento quantistico. Ogni interpretazione solleva proprie questioni filosofiche e scientifiche, e finora nessuna è stata universalmente accettata.

Questi paradossi e sfide non solo stimolano la curiosità scientifica, ma hanno anche implicazioni profonde per la nostra comprensione della realtà. La fisica quantistica ci mostra un universo che è molto più strano e complesso di quanto avessimo mai immaginato, spingendoci a rivedere continuamente le nostre concezioni fondamentali. Sebbene molte domande rimangano ancora senza risposta, la ricerca in fisica quantistica continua a offrire nuove prospettive e a spingere i confini della conoscenza umana.

Obiettivi del Libro

Leggendo questo libro, ti immergerai nel mondo affascinante e complesso della fisica quantistica, una delle branche più rivoluzionarie e intriganti della scienza moderna. Gli obiettivi di questo libro sono molteplici e mirano a fornire una comprensione chiara e approfondita dei principi fondamentali della fisica quantistica, delle sue implicazioni pratiche e filosofiche, nonché delle sue numerose applicazioni tecnologiche che influenzano la nostra vita quotidiana.

Prima di tutto, il libro ti guiderà attraverso le basi della fisica quantistica, spiegando i concetti chiave come la quantizzazione dell'energia, il dualismo onda-particella, il principio di indeterminazione di Heisenberg e l'entanglement quantistico. Questi concetti, sebbene possano sembrare complessi e astratti, saranno presentati in modo accessibile e comprensibile, con esempi pratici e analogie che aiuteranno a rendere tangibile l'invisibile mondo quantistico. Imparerai come questi principi siano emersi dalla necessità di spiegare fenomeni che la fisica classica non poteva interpretare, e come abbiano rivoluzionato la nostra comprensione della natura.

Un altro obiettivo cruciale del libro è mostrarti l'importanza storica della fisica quantistica e il contesto in cui è nata. Attraverso un viaggio nel tempo, esplorerai le scoperte fondamentali di scienziati come Max Planck, Albert Einstein, Niels Bohr, Werner Heisenberg e molti altri. Capirai come le loro intuizioni e i loro esperimenti abbiano gettato le basi per una nuova visione dell'universo, cambiando per sempre il corso della scienza. Questo background storico non solo ti fornirà una prospettiva completa sulle origini della fisica quantistica, ma ti aiuterà anche a riconoscere l'importanza delle scoperte scientifiche nel plasmare il nostro mondo.

Il libro ti introdurrà anche alle principali differenze tra la fisica classica e la fisica quantistica, mettendo in luce i contrasti fondamentali tra questi due paradigmi. Scoprirai come la fisica classica, basata su principi deterministici e intuitivi, si scontri con l'approccio probabilistico e spesso controintuitivo della fisica quantistica. Questo confronto ti permetterà di apprezzare meglio la portata rivoluzionaria della fisica quantistica e il modo in cui ha ampliato i confini della nostra conoscenza.

Un ulteriore obiettivo del libro è esplorare le applicazioni pratiche della fisica quantistica nella tecnologia moderna. Dalla fisica dei semiconduttori, che è alla base dei dispositivi elettronici, alla crittografia quantistica, che promette di rivoluzionare la sicurezza delle comunicazioni, vedrai come i principi quantistici siano stati tradotti in innovazioni tecnologiche concrete. Questo ti aiuterà a comprendere come la fisica quantistica non sia solo una disciplina teorica, ma abbia un impatto diretto e tangibile sulla nostra vita quotidiana.

Il libro affronterà anche le sfide e i paradossi della fisica quantistica, fornendoti una panoramica delle questioni ancora aperte e delle profonde implicazioni filosofiche di questa disciplina. Imparerai a conoscere i dilemmi legati alla misurazione quantistica, i misteri dell'entanglement e le difficoltà di conciliare la fisica quantistica con la teoria della relatività. Questo ti stimolerà a riflettere su questioni fondamentali riguardanti la natura della realtà e il ruolo dell'osservatore nell'universo.

Infine, uno degli obiettivi principali del libro è rendere la fisica quantistica accessibile e interessante per tutti, indipendentemente dal livello di preparazione scientifica. Attraverso spiegazioni chiare, esempi concreti e un linguaggio coinvolgente, il libro mira a demistificare i concetti complessi e a rendere la fisica quantistica un argomento affascinante e comprensibile per chiunque. Speriamo che, alla fine di questo viaggio, tu possa non solo aver acquisito una solida conoscenza della fisica quantistica, ma anche sviluppato un profondo apprezzamento per la bellezza e la meraviglia dell'universo quantistico.

In sintesi, leggendo questo libro, avrai l'opportunità di esplorare uno dei campi più dinamici e rivoluzionari della scienza, arricchendo la tua comprensione del mondo e aprendo la tua mente a nuove possibilità e prospettive. La fisica quantistica non è solo una teoria scientifica, ma una finestra su un universo pieno di misteri e sorprese, che aspetta solo di essere scoperto.

Capitolo 2

Le Basi della Fisica Classica

Leggi del Moto di Newton

Le leggi del moto di Newton rappresentano uno dei pilastri fondamentali della fisica classica e hanno svolto un ruolo cruciale nello sviluppo della scienza moderna. Formulate da Sir Isaac Newton nel XVII secolo, queste leggi descrivono il comportamento degli oggetti in movimento e le forze che agiscono su di essi. La loro comprensione è essenziale per chiunque voglia addentrarsi nello studio della fisica, poiché forniscono le basi su cui si costruiscono molte altre teorie e applicazioni.

La prima legge di Newton, conosciuta anche come principio di inerzia, afferma che un oggetto rimane nello stato di quiete o di moto rettilineo uniforme finché una forza esterna non interviene a modificare questo stato. Questo principio sfida direttamente le concezioni pre-galileiane del moto, secondo le quali un oggetto in movimento avrebbe avuto bisogno di una forza continua per mantenere il suo moto. La legge di inerzia ci insegna che è la natura stessa di un oggetto resistere ai cambiamenti nel suo stato di moto, a meno che non vi sia un'influenza esterna. Questo concetto è facilmente osservabile nella vita quotidiana: ad esempio, quando spingiamo un carrello della spesa, esso continuerà a muoversi finché non incontrerà una forza come l'attrito che ne rallenterà il movimento fino a fermarlo.

La seconda legge di Newton, forse la più famosa, stabilisce la relazione tra forza, massa e accelerazione. Esprime che la forza esercitata su un oggetto è uguale al prodotto della sua massa per l'accelerazione che ne risulta (F =

ma). Questa legge quantifica esattamente come le forze influenzano il moto degli oggetti, permettendoci di prevedere con precisione come un corpo si muoverà sotto l'azione di forze diverse. Ad esempio, se applichiamo la stessa forza a due oggetti di massa differente, quello con la massa minore subirà un'accelerazione maggiore. Questo principio è alla base di innumerevoli applicazioni ingegneristiche e scientifiche, dai calcoli per lanciare un razzo nello spazio alla progettazione di veicoli e strutture che devono resistere a diverse forze.

La terza legge di Newton, nota come principio di azione e reazione, afferma che per ogni azione c'è un'uguale e contraria reazione. Questo significa che ogni volta che un oggetto esercita una forza su un altro, il secondo oggetto esercita una forza di uguale intensità ma di direzione opposta sul primo. Questo principio è fondamentale per comprendere l'interazione tra corpi e ha applicazioni pratiche in ogni campo della fisica e dell'ingegneria. Un esempio semplice di questa legge è il moto di un nuotatore: quando spinge l'acqua all'indietro con le mani, l'acqua esercita una forza di reazione che lo spinge in avanti.

Oltre a queste leggi, Newton introdusse anche il concetto di forza gravitazionale, formulando la legge di gravitazione universale. Secondo questa legge, ogni particella nell'universo attrae ogni altra particella con una forza che è direttamente proporzionale al prodotto delle loro masse e inversamente proporzionale al quadrato della distanza che le separa. Questa intuizione rivoluzionaria permise di comprendere non solo il moto dei corpi sulla Terra, ma anche il moto dei pianeti e delle stelle, fornendo una spiegazione unificata per fenomeni precedentemente considerati separati.

Le leggi del moto di Newton non solo hanno rivoluzionato la fisica, ma hanno anche gettato le basi per l'era industriale, influenzando profondamente la tecnologia e l'ingegneria. La capacità di prevedere e controllare il movimento degli oggetti ha permesso la costruzione di macchine complesse, veicoli e infrastrutture che hanno trasformato la società.

In conclusione, le leggi del moto di Newton rappresentano una pietra miliare nella storia della scienza. La loro eleganza e semplicità nascondono una potenza incredibile, permettendoci di descrivere e prevedere una vasta gamma di fenomeni naturali. La comprensione di queste leggi è essenziale per qualsiasi studente di fisica, fornendo le fondamenta su cui costruire una conoscenza più avanzata della dinamica dei corpi. Attraverso l'applicazione di questi principi, possiamo esplorare e manipolare il mondo fisico con una precisione che continua a stupire e ispirare generazioni di scienziati e ingegneri.

Energia e Lavoro

L'energia e il lavoro sono concetti fondamentali nella fisica, strettamente collegati tra loro e presenti in ogni aspetto della nostra vita quotidiana. Comprendere questi concetti ci permette di spiegare una vasta gamma di fenomeni naturali e di sviluppare tecnologie che sfruttano queste idee per migliorare la nostra esistenza.

L'energia è la capacità di compiere lavoro. Può assumere diverse forme, tra cui energia cinetica, potenziale, termica, chimica, elettrica e nucleare. L'energia cinetica è l'energia che un oggetto possiede a causa del suo movimento. Per esempio, un'auto in corsa, un fiume che scorre o una pallina lanciata in aria possiedono tutti energia cinetica. La quantità di energia cinetica di un oggetto dipende dalla sua massa e dalla sua velocità, e si calcola utilizzando la formula $E_k = \frac{1}{2}mv^2$, dove m è la massa dell'oggetto e v è la sua velocità.

L'energia potenziale, d'altra parte, è l'energia immagazzinata in un oggetto a causa della sua posizione o configurazione. Un esempio comune è l'energia potenziale gravitazionale, che un oggetto possiede quando è sollevato a una certa altezza rispetto al suolo. Questa energia dipende dalla massa dell'oggetto, dall'altezza e dalla forza di gravità, ed è calcolata con la formula $E_p = mgh$

$=mgh$, dove m è la massa, g è l'accelerazione dovuta alla gravità e h è l'altezza. Un altro esempio di energia potenziale è l'energia immagazzinata in una molla compressa o allungata, descritta dalla legge di Hooke.

Il lavoro è definito come il trasferimento di energia da un oggetto a un altro mediante una forza applicata che causa uno spostamento. Si calcola con la formula $W = Fd \cos\theta$, dove F è la forza applicata, d è lo spostamento e θ è l'angolo tra la direzione della forza e la direzione dello spostamento. Quando un oggetto viene sollevato da terra, il lavoro compiuto per sollevarlo viene trasformato in energia potenziale gravitazionale. Analogamente, quando una forza viene applicata a un oggetto in movimento, come spingere un carrello, l'energia viene trasferita sotto forma di energia cinetica.

Un principio fondamentale che collega l'energia e il lavoro è il principio di conservazione dell'energia, che afferma che l'energia non può essere creata né distrutta, ma solo trasformata da una forma all'altra. Questo principio è alla base di molte leggi della fisica e spiega come l'energia si trasferisce e si trasforma in diversi sistemi. Ad esempio, in un pendolo, l'energia cinetica e l'energia potenziale gravitazionale si trasformano continuamente l'una nell'altra mentre il pendolo oscilla, mantenendo costante l'energia totale del sistema.

L'energia e il lavoro sono concetti centrali anche nelle applicazioni pratiche. Nei motori, ad esempio, il combustibile chimico viene convertito in energia termica, che a sua volta viene trasformata in lavoro meccanico per far muovere un veicolo. Nelle centrali elettriche, l'energia potenziale dell'acqua in un bacino idroelettrico viene convertita in energia cinetica quando l'acqua scende, e poi in energia elettrica tramite turbine e generatori.

Inoltre, l'energia termica è un aspetto cruciale nei processi di riscaldamento e raffreddamento. Quando un oggetto viene riscaldato, l'energia termica aumenta l'energia cinetica delle sue molecole, causando un aumento della temperatura. Questo principio è alla base del funzionamento di molti dispositivi, come forni, frigoriferi e climatizzatori, che regolano la temperatura trasferendo energia termica da un luogo all'altro.

L'energia chimica è un'altra forma di energia potenziale, immagazzinata nei legami chimici tra gli atomi. Quando questi legami vengono spezzati o formati durante una reazione chimica, l'energia viene rilasciata o assorbita. Questo processo è alla base del metabolismo degli esseri viventi e del funzionamento delle batterie, che immagazzinano e rilasciano energia chimica per alimentare dispositivi elettronici.

Infine, l'energia nucleare è l'energia immagazzinata nel nucleo degli atomi e può essere liberata attraverso processi di fissione o fusione nucleare. Le centrali nucleari sfruttano questa energia per produrre elettricità, e la fusione nucleare è il processo che alimenta il

Sole, fornendo la fonte primaria di energia per la Terra.

In sintesi, i concetti di energia e lavoro sono fondamentali per comprendere una vasta gamma di fenomeni naturali e per sviluppare tecnologie che migliorano la nostra vita quotidiana. La capacità di trasferire e trasformare l'energia è alla base di molte delle nostre attività quotidiane e delle tecnologie che utilizziamo, rendendo questi concetti essenziali per la fisica e per la nostra comprensione del mondo.

Forze e Interazioni

Le forze sono tra i concetti più fondamentali della fisica e giocano un ruolo cruciale nella nostra comprensione di come l'universo funziona. Le forze sono responsabili dei cambiamenti nel movimento degli oggetti e delle interazioni tra essi. Ogni giorno, sperimentiamo diversi tipi di forze che influenzano la nostra vita, anche se spesso non ne siamo consapevoli. Approfondire la natura delle forze e le loro interazioni ci aiuta a comprendere meglio sia il mondo macroscopico che quello microscopico.

Una delle forze più familiari è la forza di gravità, che è la forza di attrazione tra due masse. La gravità è ciò che ci tiene ancorati alla superficie della Terra e regola il moto dei pianeti, delle stelle e delle galassie. Formulata da Sir Isaac Newton nella sua legge di gravitazione universale, questa forza è direttamente proporzionale al prodotto delle masse degli oggetti e inversamente proporzionale al quadrato della distanza che li separa. Nonostante la sua apparente debolezza su scala microscopica, la gravità è la forza dominante su scala cosmica, influenzando la struttura e l'evoluzione dell'universo.

Oltre alla gravità, un'altra forza fondamentale è la forza elettromagnetica, che agisce tra particelle cariche elettricamente. Questa forza può essere sia attrattiva che repulsiva, a seconda del segno delle cariche coinvolte. La forza elettromagnetica è responsabile di una vasta gamma di fenomeni, dalla luce che vediamo ai legami chimici che tengono insieme le molecole. Le leggi di Coulomb descrivono l'interazione tra cariche elettriche puntiformi, e l'elettromagnetismo è ulteriormente spiegato dalle equazioni di Maxwell, che unificano i campi elettrici e magnetici in un'unica teoria coerente.

A livello subatomico, le forze nucleari forte e debole giocano ruoli cruciali. La forza nucleare forte è la più potente delle quattro forze fondamentali ed è responsabile di tenere insieme i quark all'interno dei protoni e dei neutroni, nonché di mantenere uniti i protoni e i neutroni nel nucleo atomico. Senza questa forza, i nuclei atomici non esisterebbero e la materia come la conosciamo non potrebbe formarsi. La forza nucleare debole, invece, è responsabile di alcuni tipi di decadimento radioattivo e di reazioni nucleari che avvengono nel nucleo delle stelle, come la fusione nucleare che alimenta il Sole.

Nel mondo quotidiano, sperimentiamo anche forze di contatto come la forza normale, la forza di attrito e la tensione. La forza normale è la reazione perpendicolare di una superficie che impedisce a un oggetto di "cadere" attraverso di essa. Se posiamo un libro su un tavolo, la forza normale del tavolo bilancia la forza di gravità che agisce sul libro, mantenendolo in equilibrio.

La forza di attrito è un'altra forza di contatto che si oppone al movimento relativo tra due superfici a contatto. Esistono due tipi principali di attrito: attrito statico, che impedisce l'inizio del movimento, e attrito dinamico, che si oppone al movimento continuo. L'attrito è essenziale in molte situazioni pratiche, come camminare senza scivolare o fermare un veicolo con i freni.

La tensione è una forza trasmessa attraverso corde, fili o altri oggetti flessibili quando sono tirati da estremità opposte. La tensione permette a oggetti come ascensori, ponti sospesi e strumenti musicali di funzionare correttamente. Comprendere queste forze di contatto è cruciale per molte applicazioni ingegneristiche e tecnologiche.

Infine, la forza elastica è la forza che permette agli oggetti di tornare alla loro forma originale dopo essere stati deformati. Questo principio è descritto dalla legge di Hooke, che afferma che la forza esercitata da una molla è proporzionale alla sua estensione o compressione. Le forze elastiche sono alla base del funzionamento di molte strutture e dispositivi, dai materassi ai sistemi di sospensione dei veicoli.

In conclusione, le forze e le interazioni sono alla base di tutti i fenomeni fisici che osserviamo. Comprendere i diversi tipi di forze e i loro effetti ci permette di spiegare e prevedere il comportamento degli oggetti in movimento e le interazioni tra essi, fornendo una base solida per esplorare e manipolare il mondo naturale. Dalla gravità che regola i movimenti dei corpi celesti alla forza nucleare forte che mantiene uniti i nuclei atomici, le forze sono fondamentali per la nostra comprensione dell'universo.

Termodinamica

La termodinamica è una branca della fisica che studia il calore, il lavoro e le forme di energia, e come queste interagiscono in vari sistemi. I principi fondamentali della termodinamica ci offrono una comprensione approfondita di come l'energia viene trasferita e trasformata, influenzando tutto, dai motori a combustione interna ai processi biologici. Esplorare questi principi ci permette di comprendere meglio il mondo che ci circonda e le leggi universali che lo governano.

Il primo principio della termodinamica, noto anche come principio di conservazione dell'energia, afferma che l'energia non può essere creata né distrutta, ma solo trasformata da una forma all'altra. In termini più formali, questo principio è spesso enunciato come: "L'energia totale di un sistema isolato rimane costante". Questa legge implica che quando un sistema subisce una trasformazione, l'energia persa da una parte del sistema deve essere guadagnata da un'altra parte. Ad esempio, in un motore termico, l'energia chimica del combustibile viene convertita in calore, che a sua volta viene trasformato in lavoro meccanico, con una parte inevitabile dispersa come calore residuo. Questo principio è fondamentale in ingegneria e scienze applicate, in quanto stabilisce il bilancio energetico necessario per progettare macchine efficienti.

Il secondo principio della termodinamica introduce il concetto di entropia, una misura del disordine o della casualità di un sistema. Questo principio afferma che in un processo spontaneo, l'entropia totale di un sistema isolato tende ad aumentare nel tempo. In altre parole, i processi naturali tendono a muoversi verso uno stato di maggiore disordine. Questo principio spiega perché i moti perpetui di seconda specie, macchine che convertono completamente il calore in lavoro senza dispersione, sono impossibili. L'aumento dell'entropia ci aiuta a comprendere fenomeni come il raffreddamento di un caffè caldo in una stanza, la diffusione delle molecole di gas e il degrado dell'energia in forme meno utilizzabili.

Il terzo principio della termodinamica, noto anche come il principio di Nernst, afferma che man mano che la temperatura di un sistema si avvicina allo zero assoluto (0 Kelvin), l'entropia del sistema tende a raggiungere un valore minimo costante. Questo principio ha implicazioni importanti per la fisica dei solidi e la criogenia, e implica che è impossibile raggiungere esattamente lo zero assoluto attraverso un numero finito di processi fisici. Il terzo principio ci aiuta a capire il comportamento dei materiali a bassissime temperature e le sfide tecniche associate al raffreddamento estremo.

Infine, c'è il cosiddetto "zeroeth law" della termodinamica, che stabilisce il concetto di equilibrio termico. Questa legge afferma che se due sistemi sono ciascuno in equilibrio termico con un terzo sistema, allora sono in equilibrio termico tra loro. Questa legge sembra intuitiva, ma è fondamentale perché permette la definizione della temperatura. Grazie a questo principio, possiamo utilizzare termometri per misurare accuratamente la temperatura e garantire che due sistemi siano alla stessa temperatura quando sono in contatto.

Questi principi fondamentali della termodinamica hanno applicazioni pratiche in una varietà di campi. Ingegneri e scienziati li utilizzano per progettare motori, frigoriferi, centrali elettriche e persino per comprendere i processi biologici. Ad esempio, la termodinamica spiega come i motori a combustione interna trasformano l'energia chimica del carburante in lavoro meccanico per muovere un veicolo. Nei frigoriferi, il ciclo di refrigerazione utilizza il lavoro per trasferire calore da un'area fredda a una calda, mantenendo gli alimenti freschi. Le centrali elettriche sfruttano il calore prodotto dalla combustione di combustibili fossili o dalla fissione nucleare per generare elettricità, seguendo i principi termodinamici per massimizzare l'efficienza e minimizzare le perdite.

Anche in biologia, i principi della termodinamica sono cruciali per comprendere come gli organismi viventi utilizzano e trasformano l'energia. I processi metabolici che avvengono nelle cellule seguono le leggi della termodinamica, con l'energia chimica degli alimenti convertita in ATP (adenosina trifosfato), la "moneta energetica" delle cellule, e in calore.

In sintesi, la termodinamica offre una cornice concettuale potente per comprendere e analizzare i processi energetici in natura e nelle tecnologie umane. I suoi principi fondamentali non solo ci permettono di prevedere come l'energia si trasferisce e si trasforma, ma ci forniscono anche gli strumenti per sviluppare tecnologie più efficienti e sostenibili. La comprensione della termodinamica è quindi essenziale per chiunque voglia esplorare le scienze fisiche e le loro applicazioni pratiche nel mondo reale.

Elettromagnetismo

L'elettromagnetismo è una delle quattro forze fondamentali della natura e descrive come le particelle cariche interagiscono attraverso campi elettrici e magnetici. La comprensione dell'elettromagnetismo è stata rivoluzionata nel XIX secolo grazie al lavoro di James Clerk Maxwell, che ha sintetizzato le leggi fondamentali del campo elettromagnetico in un elegante insieme di equazioni. Queste equazioni, note come le leggi di Maxwell, hanno unificato i fenomeni elettrici e magnetici, gettando le basi per la moderna teoria elettromagnetica e aprendo la strada a innumerevoli applicazioni tecnologiche.

Per comprendere appieno l'importanza delle leggi di Maxwell, è utile partire da una breve panoramica storica. Prima di Maxwell, scienziati come Charles-Augustin de Coulomb, Michael Faraday e André-Marie Ampère avevano scoperto leggi fondamentali che descrivevano i comportamenti elettrici e magnetici. Tuttavia, queste leggi erano viste come separate e non correlate tra loro. Maxwell fu in grado di integrare queste leggi in un quadro unificato, dimostrando che l'elettricità e il magnetismo sono manifestazioni di un unico fenomeno elettromagnetico.

Le leggi di Maxwell sono quattro equazioni differenziali che descrivono come i campi elettrici e magnetici vengono generati e modificati dalle cariche elettriche e dalle correnti. La prima di queste equazioni è la legge di Gauss per il campo elettrico, che afferma che il flusso del campo elettrico attraverso una superficie chiusa è proporzionale alla carica elettrica totale racchiusa dalla superficie. Questa legge formalizza l'idea che le cariche elettriche producono campi elettrici.

La seconda equazione, la legge di Gauss per il campo magnetico, afferma che il flusso del campo magnetico attraverso una superficie chiusa è sempre zero. Questo riflette il fatto che non esistono monopoli magnetici isolati; i campi magnetici sono sempre prodotti da dipoli, come un magnete con un polo nord e un polo sud.

La terza equazione è la legge di Faraday dell'induzione elettromagnetica, che descrive come un campo magnetico variabile nel tempo può generare un campo elettrico. Questo fenomeno è alla base del funzionamento dei generatori elettrici e dei trasformatori, che sono essenziali per la produzione e la distribuzione di energia elettrica. La legge di Faraday spiega perché muovere un magnete vicino a una bobina di filo induce una corrente elettrica nella bobina.

La quarta e ultima equazione di Maxwell è la legge di Ampère modificata, che include il contributo della corrente di spostamento. Questa legge descrive come i campi magnetici vengono generati dalle correnti elettriche e dai campi elettrici variabili nel tempo. La modifica introdotta da Maxwell, che aggiunge il termine della corrente di spostamento, è cruciale perché permette di descrivere la propagazione delle onde elettromagnetiche, come la luce, nel vuoto.

Queste quattro equazioni, prese insieme, formano il cuore della teoria elettromagnetica di Maxwell. Una delle più straordinarie conseguenze delle leggi di Maxwell è la previsione dell'esistenza delle onde elettromagnetiche. Maxwell dimostrò che un campo elettrico variabile nel tempo genera un campo magnetico variabile nel tempo e viceversa, e che questi campi variabili possono propagarsi attraverso lo spazio come onde. La velocità di queste onde, calcolata a partire dalle costanti elettriche e magnetiche, è risultata essere uguale alla velocità della luce, portando Maxwell a concludere che la luce stessa è un'onda elettromagnetica.

Le leggi di Maxwell hanno avuto un impatto profondo sulla scienza e sulla tecnologia. Esse spiegano non solo il comportamento dei campi elettrici e magnetici, ma anche il funzionamento di una vasta gamma di dispositivi e tecnologie moderne. Le radio, le televisioni, i telefoni cellulari e persino i forni a microonde funzionano grazie ai principi dell'elettromagnetismo. Inoltre, le equazioni di Maxwell hanno gettato le basi per lo sviluppo della teoria della relatività di Einstein e della meccanica quantistica, due pilastri della fisica moderna.

In conclusione, le leggi di Maxwell rappresentano una delle più grandi conquiste nella storia della fisica. Esse non solo hanno unificato i fenomeni elettrici e magnetici in un unico quadro teorico, ma hanno anche aperto nuove strade per la ricerca scientifica e l'innovazione tecnologica. La loro eleganza matematica e la loro potenza esplicativa continuano a ispirare fisici e ingegneri, rendendole un punto di riferimento essenziale per chiunque desideri comprendere il mondo dell'elettromagnetismo.

Limiti della Fisica Classica

La fisica classica, con le sue leggi e i suoi principi ben consolidati, ha fornito una comprensione straordinaria del mondo naturale e ha permesso progressi tecnologici incredibili. Tuttavia, come ogni teoria scientifica, essa ha i suoi limiti. Questi limiti diventano evidenti quando ci avventuriamo nelle scale estremamente piccole del mondo subatomico, nelle velocità prossime a quella della luce o in situazioni con campi gravitazionali estremamente intensi. Esplorare questi limiti non solo rivela dove la fisica classica fallisce, ma anche perché è stata necessaria l'introduzione di teorie più avanzate come la meccanica quantistica e la relatività generale.

Uno dei primi indizi dei limiti della fisica classica è emerso dallo studio della radiazione del corpo nero. Alla fine del XIX secolo, i fisici cercavano di spiegare come un corpo ideale che assorbe tutta la radiazione incidente (un corpo nero) emette energia in funzione della temperatura. Le leggi della fisica classica, applicate a questo problema, prevedevano una quantità infinita di energia emessa a frequenze elevate, una situazione nota come "catastrofe ultravioletta". Questa predizione errata fu risolta solo quando Max Planck introdusse il concetto di quantizzazione dell'energia, segnando la nascita della fisica quantistica. La teoria quantistica, che descrive il comportamento delle particelle subatomiche, si allontana radicalmente dalla fisica classica, introducendo principi come la dualità onda-particella e il principio di indeterminazione di Heisenberg.

La fisica classica fallisce anche nel descrivere fenomeni a velocità prossime a quella della luce. Secondo la teoria della relatività ristretta di Albert Einstein, le leggi della fisica sono le stesse per tutti gli osservatori in moto rettilineo uniforme, e la velocità della luce nel vuoto è costante indipendentemente dal moto della sorgente o dell'osservatore. Questo implica che il tempo e lo spazio non sono assoluti, ma relativi e interconnessi in una struttura quadridimensionale chiamata spazio-tempo. Le equazioni della meccanica classica di Newton non tengono conto di queste trasformazioni relativistiche, rendendo necessario l'uso delle equazioni della relatività per descrivere correttamente il moto a velocità elevate. La relatività ristretta ha portato a importanti predizioni confermate sperimentalmente, come la dilatazione del tempo e la contrazione delle lunghezze.

Inoltre, la relatività generale di Einstein estende la relatività ristretta per includere la gravità, descrivendo come la massa e l'energia curvano lo spazio-tempo, creando il fenomeno che percepiamo come gravità. Le equazioni di Newton per la gravitazione falliscono in presenza di campi gravitazionali intensi, come quelli vicino a un buco nero o durante il Big Bang. La relatività generale ha fornito predizioni accurate per il perielio di Mercurio e per la deflessione della luce delle stelle da parte del Sole, fenomeni che la fisica classica non riusciva a spiegare adeguatamente.

Anche in termini di termodinamica, la fisica classica mostra i suoi limiti. La termodinamica classica descrive con successo i processi macroscopici, ma non riesce a spiegare completamente il comportamento delle molecole e degli atomi su scala microscopica. La meccanica statistica, che applica i principi quantistici ai sistemi termodinamici, ha permesso di comprendere meglio fenomeni come la distribuzione delle velocità molecolari nei gas e le fluttuazioni termiche.

La fisica classica inoltre non è in grado di descrivere le interazioni fondamentali a livello subatomico. Le teorie quantistiche dei campi, come la cromodinamica quantistica e l'elettrodinamica quantistica, sono necessarie per spiegare le forze nucleari forte e debole che governano il comportamento delle particelle elementari nei nuclei atomici. La fisica classica non può spiegare fenomeni come l'entanglement quantistico, dove due particelle possono rimanere correlate istantaneamente a distanze molto grandi, un fenomeno confermato sperimentalmente ma totalmente incompatibile con la visione classica del mondo.

In conclusione, la fisica classica, sebbene straordinariamente efficace per descrivere il mondo macroscopico e le velocità basse, fallisce nel trattare correttamente i fenomeni su scala atomica e subatomica, le velocità relativistiche e i campi gravitazionali intensi. La necessità di superare questi limiti ha portato allo sviluppo della meccanica quantistica e della teoria della relatività, che hanno ampliato la nostra comprensione dell'universo in modi profondi e fondamentali. Queste teorie moderne non solo hanno risolto i problemi lasciati irrisolti dalla fisica classica, ma hanno anche aperto nuove frontiere nella ricerca scientifica e nella tecnologia.

Capitolo 3

La Rivoluzione della Fisica Quantistica

Max Planck e la Quantizzazione dell'Energia

All'inizio del XX secolo, la fisica si trovava di fronte a un problema che sfidava la comprensione delle leggi classiche: la radiazione del corpo nero. Un corpo nero è un oggetto teorico che assorbe tutta la radiazione elettromagnetica incidente, indipendentemente dalla frequenza o dall'angolo di incidenza, e irradia energia in una distribuzione continua che dipende solo dalla sua temperatura. Tuttavia, i tentativi di spiegare questa distribuzione con la fisica classica portavano a previsioni errate, culminate nella cosiddetta "catastrofe ultravioletta", dove la teoria prevedeva un'energia infinita a frequenze alte.

Nel 1900, Max Planck propose una soluzione radicale a questo problema. Introducendo l'idea che l'energia emessa o assorbita da un corpo nero non fosse continua, ma quantizzata, Planck gettò le basi per una nuova era nella fisica. Secondo Planck, l'energia viene emessa o assorbita in pacchetti discreti chiamati "quanti". La relazione matematica che descrive questa quantizzazione è data dalla formula E=hνE = h\nuE=hν, dove EEE è l'energia del quanto, ν\nuν è la frequenza della radiazione, e hhh è la costante di Planck, una nuova costante fondamentale della natura.

La costante di Planck (hhh) è una delle costanti più fondamentali della fisica ed ha un valore di circa 6.626×10−346.626 \times 10^{-34}6.626×10−34 joule per secondo. Questo valore estremamente piccolo spiega perché la quantizzazione dell'energia non è evidente nella nostra esperienza quotidiana: i pacchetti di energia sono così minuscoli che solo a livello atomico e subatomico diventano significativi.

La proposta di Planck non fu inizialmente accettata con entusiasmo. L'idea che l'energia potesse essere quantizzata contraddiceva la fisica classica, che vedeva l'energia come una grandezza continua. Tuttavia, Planck riuscì a spiegare con precisione l'emissione spettrale del corpo nero, un risultato che non poteva essere ignorato. La sua teoria risolveva elegantemente il problema della catastrofe ultravioletta, prevedendo correttamente la distribuzione dell'energia emessa a tutte le frequenze.

L'impatto del lavoro di Planck fu enorme e segnò la nascita della fisica quantistica. La quantizzazione dell'energia portò a una serie di sviluppi rivoluzionari nella fisica. Nel 1905, Albert Einstein utilizzò l'idea di Planck per spiegare l'effetto fotoelettrico, dimostrando che la luce stessa poteva essere vista come composta da quanti di energia, che oggi chiamiamo fotoni. Questo lavoro valse ad Einstein il Premio Nobel per la Fisica nel 1921 e consolidò ulteriormente l'idea della quantizzazione.

La costante di Planck si rivelò essere una chiave per comprendere una vasta gamma di fenomeni fisici. Non solo era fondamentale per descrivere la radiazione del corpo nero e l'effetto fotoelettrico, ma divenne anche essenziale per il modello atomico di Niels Bohr, che spiegava la stabilità degli atomi e la quantizzazione dei livelli energetici degli elettroni. Le orbite degli elettroni attorno al nucleo, secondo Bohr, possono esistere solo a energie quantizzate, descritte da multipli della costante di Planck.

L'introduzione della costante di Planck e il concetto di quantizzazione dell'energia segnarono l'inizio di una rivoluzione scientifica che avrebbe trasformato la nostra comprensione del mondo. La fisica quantistica, con le sue implicazioni controintuitive e spesso sorprendenti, emerse come una teoria potente e universale, capace di descrivere fenomeni che la fisica classica non poteva spiegare.

La figura di Max Planck è oggi celebrata come quella di un pioniere della fisica moderna. Il suo lavoro non solo risolse uno dei problemi più pressanti della fisica del suo tempo, ma aprì nuove strade che portarono a scoperte ancora più straordinarie. La costante di Planck rimane una delle fondamenta della fisica quantistica, un simbolo della nostra continua ricerca per comprendere le leggi fondamentali che governano l'universo.

In conclusione, l'introduzione della quantizzazione dell'energia e della costante di Planck rappresenta una delle svolte più significative nella storia della scienza. Questo concetto ha non solo risolto problemi irrisolvibili con la fisica classica, ma ha anche aperto la porta a un nuovo regno di conoscenza, trasformando per sempre il nostro modo di vedere il mondo. La fisica quantistica continua a evolversi, basandosi sulle fondamenta gettate da Planck, e rimane una delle aree più dinamiche e affascinanti della scienza moderna.

Effetto Fotoelettrico e Einstein

L'effetto fotoelettrico è un fenomeno che ha giocato un ruolo cruciale nello sviluppo della fisica quantistica e che ha confermato l'idea che la luce possa comportarsi non solo come un'onda, ma anche come una particella. La spiegazione di questo effetto, fornita da Albert Einstein nel 1905, non solo ha risolto un problema persistente nella fisica, ma ha anche gettato le basi per la teoria quantistica della luce, cambiando per sempre il nostro modo di comprendere l'interazione tra luce e materia.

Il fenomeno dell'effetto fotoelettrico era noto da tempo: quando la luce colpisce la superficie di un metallo, viene emessa energia sotto forma di elettroni. Tuttavia, le leggi della fisica classica non riuscivano a spiegare alcuni aspetti chiave di questo processo. Ad esempio, secondo la teoria ondulatoria della luce, l'energia della luce dovrebbe dipendere solo dalla sua intensità. Di conseguenza, una luce più intensa dovrebbe produrre elettroni più energetici indipendentemente dalla frequenza della luce. Ma gli esperimenti mostrarono che non era così: solo la luce con una frequenza superiore a una certa soglia poteva produrre l'emissione di elettroni, indipendentemente dall'intensità della luce.

Einstein propose una spiegazione rivoluzionaria utilizzando il concetto di quanti di energia introdotto da Max Planck. Suggerì che la luce non fosse semplicemente un'onda continua, ma fosse composta da particelle discrete chiamate fotoni. Ogni fotone possiede un'energia pari a $E=h\nu$, dove h è la costante di Planck e ν è la frequenza della luce. Secondo questa teoria, quando un fotone colpisce un elettrone sulla superficie di un metallo, trasferisce tutta la sua energia all'elettrone. Se l'energia del fotone è sufficientemente alta, superiore a una certa soglia chiamata funzione di lavoro del metallo, l'elettrone viene liberato dal metallo. Se la frequenza della luce è inferiore a questa soglia, nessun elettrone viene emesso, indipendentemente dall'intensità della luce.

Questa spiegazione risolveva elegantemente le anomalie osservate e forniva una prova convincente della quantizzazione dell'energia. L'effetto fotoelettrico dimostrava che la luce poteva comportarsi come una particella, confermando la dualità onda-particella e segnando un punto di svolta nella fisica. Einstein ricevette il Premio Nobel per la Fisica nel 1921 per questa scoperta, sottolineando l'importanza fondamentale del suo lavoro.

L'impatto dell'effetto fotoelettrico va ben oltre la sua spiegazione teorica. Ha avuto profonde implicazioni pratiche e ha aperto la strada a numerose innovazioni tecnologiche. Ad esempio, i fotodiodi e le celle solari sfruttano l'effetto fotoelettrico per convertire la luce in elettricità, trovando applicazione in una vasta gamma di dispositivi, dalle fotocamere ai pannelli solari utilizzati per l'energia rinnovabile.

Inoltre, l'effetto fotoelettrico ha contribuito significativamente alla comprensione della struttura atomica e alla nascita della meccanica quantistica. La teoria dei quanti sviluppata da Planck ed Einstein ha portato alla formulazione di nuove teorie e modelli, come il modello atomico di Bohr, che spiegava la quantizzazione dei livelli energetici degli elettroni negli atomi. Questi sviluppi hanno avuto un impatto duraturo sulla fisica, influenzando ogni aspetto della scienza moderna.

L'importanza dell'effetto fotoelettrico risiede anche nel modo in cui ha stimolato un cambiamento di paradigma nella fisica. Prima di Einstein, la luce era principalmente considerata come un'onda elettromagnetica continua. L'idea che la luce potesse anche comportarsi come una particella ha sfidato la visione classica e ha spinto i fisici a riconsiderare le loro teorie fondamentali. Questa dualità onda-particella è ora un concetto centrale nella fisica quantistica, influenzando la nostra comprensione non solo della luce, ma di tutte le particelle subatomiche.

In conclusione, l'effetto fotoelettrico e la sua spiegazione da parte di Einstein rappresentano una delle scoperte più significative nella storia della fisica. Questa scoperta non solo ha risolto un problema scientifico fondamentale, ma ha anche aperto nuove strade per la ricerca e l'innovazione tecnologica. L'effetto fotoelettrico ha consolidato il concetto di quantizzazione dell'energia e ha gettato le basi per la fisica quantistica, trasformando profondamente il nostro modo di comprendere l'universo.

Modello Atomico di Bohr

La comprensione della struttura atomica ha subito un'evoluzione straordinaria, culminando nel modello atomico di Niels Bohr, che rappresenta una pietra miliare nella storia della fisica. Prima di Bohr, i modelli atomici tentavano di spiegare la natura degli atomi, ma mancavano di una precisione che potesse essere confermata sperimentalmente. Esplorare l'evoluzione dei modelli atomici fino a Bohr rivela non solo il progresso della scienza, ma anche l'importanza delle idee rivoluzionarie nel superare le limitazioni delle teorie precedenti.

Alla fine del XIX secolo, l'atomo era considerato la più piccola unità indivisibile della materia. Tuttavia, questa concezione cambiò radicalmente con la scoperta dell'elettrone da parte di J.J. Thomson nel 1897. Thomson propose il modello a "panettone" dell'atomo, in cui gli elettroni, carichi negativamente, erano sparsi all'interno di una "nuvola" di carica positiva, simile a uvetta in un panettone. Questo modello spiegava alcune proprietà dell'atomo, ma non tutte.

Nel 1909, Ernest Rutherford, conducendo il famoso esperimento della lamina d'oro, scoprì che la maggior parte della massa dell'atomo era concentrata in un nucleo piccolo e denso al centro, con gli elettroni che orbitavano intorno a questo nucleo. Questo modello, noto come il modello nucleare dell'atomo, migliorava notevolmente il modello di Thomson, ma presentava ancora delle problematiche. Secondo la fisica classica, gli elettroni in orbita avrebbero dovuto emettere radiazione elettromagnetica e perdere energia, spiraleggiando verso il nucleo e facendo collassare l'atomo.

Qui entra in gioco Niels Bohr, che nel 1913 propose un modello atomico rivoluzionario combinando le idee di Rutherford con i concetti della fisica quantistica nascente. Bohr suggerì che gli elettroni orbitano intorno al nucleo in orbite stazionarie discrete, senza irradiare energia. Queste orbite corrispondono a livelli di energia quantizzati. Gli elettroni possono saltare da un'orbita all'altra assorbendo o emettendo quanti di luce (fotoni) con un'energia pari alla differenza tra i due livelli energetici.

Il modello di Bohr spiegava perfettamente le linee spettrali degli atomi di idrogeno, che erano state osservate ma non comprese completamente fino ad allora. Quando un elettrone salta da un'orbita di energia superiore a una inferiore, emette un fotone con una frequenza specifica, che corrisponde a una linea nello spettro dell'idrogeno. Questa spiegazione confermava la quantizzazione dell'energia e forniva una solida base teorica per la struttura atomica.

Il successo del modello di Bohr non si limitava solo all'idrogeno. Sebbene non potesse spiegare completamente gli spettri di atomi più complessi, il modello segnò un passo decisivo verso la moderna teoria atomica e stimolò ulteriori ricerche. L'idea che gli elettroni occupino livelli energetici discreti e che le transizioni tra questi livelli comportino l'emissione o l'assorbimento di fotoni divenne un principio fondamentale della fisica quantistica.

Negli anni successivi, il modello atomico di Bohr fu ulteriormente perfezionato. La meccanica quantistica, sviluppata da scienziati come Werner Heisenberg e Erwin Schrödinger, fornì una descrizione più completa e accurata del comportamento degli elettroni negli atomi. Il modello a orbitali di Schrödinger, basato su equazioni d'onda, sostituì gradualmente il modello di Bohr, spiegando non solo la struttura degli atomi di idrogeno, ma anche quella di atomi più complessi e delle molecole.

Nonostante queste evoluzioni, il modello di Bohr rimane una tappa fondamentale nella storia della fisica. Fu il primo a incorporare con successo i concetti quantistici nella descrizione della struttura atomica, dimostrando la necessità di abbandonare alcune intuizioni classiche per abbracciare una nuova visione del mondo microscopico. Bohr stesso riconobbe i limiti del suo modello, ma il suo contributo aprì la strada a scoperte che hanno trasformato la nostra comprensione della materia e delle sue interazioni.

In sintesi, il modello atomico di Bohr rappresenta un punto di svolta nella fisica moderna. La sua introduzione dei livelli energetici quantizzati e delle transizioni elettroniche spiega non solo le proprietà dell'idrogeno, ma pone anche le basi per le teorie quantistiche più avanzate. Questo modello ha ispirato generazioni di fisici e continua a essere un componente essenziale nell'educazione scientifica, dimostrando come le idee innovative possano superare i limiti delle teorie esistenti e aprire nuovi orizzonti nella comprensione dell'universo.

Principio di Complementarità di Bohr

Il principio di complementarità di Niels Bohr rappresenta uno dei concetti più profondi e affascinanti della fisica quantistica, incarnando la natura dualistica delle particelle subatomiche. Questo principio afferma che le entità quantistiche, come gli elettroni e i fotoni, possono esibire comportamenti sia ondulatori che particellari, a seconda dell'esperimento osservato. Questa duplicità, nota come dualismo onda-particella, sfida le intuizioni classiche e offre una visione più completa e complessa della realtà fisica.

Per comprendere appieno il principio di complementarità, è utile partire dagli esperimenti storici che hanno portato alla sua formulazione. Uno dei più celebri è l'esperimento della doppia fenditura, originariamente ideato per studiare la natura della luce. In questo esperimento, una sorgente di luce (o di elettroni) viene fatta passare attraverso due fenditure parallele e proiettata su uno schermo. Se la luce fosse composta da particelle, ci aspetteremmo di vedere due strisce distinte corrispondenti alle fenditure. Tuttavia, quello che si osserva è un pattern di interferenza, caratteristico delle onde, che dimostra che la luce si comporta come un'onda.

La situazione diventa ancora più sorprendente quando si esegue l'esperimento con singoli fotoni o elettroni. Anche quando le particelle vengono inviate una alla volta, il pattern di interferenza emerge gradualmente sullo schermo, suggerendo che ogni particella passa attraverso entrambe le fenditure simultaneamente e interferisce con se stessa. Tuttavia, se si cerca di osservare attraverso quale fenditura passa la particella, il pattern di interferenza scompare, e le particelle si comportano come particelle classiche, creando due strisce distinte.

Questo comportamento paradossale è alla base del principio di complementarità di Bohr. Bohr propose che le proprietà ondulatorie e particellari delle entità quantistiche non sono contraddittorie, ma complementari. In altre parole, non è che le particelle siano talvolta onde e talvolta particelle, ma piuttosto che esibiscono entrambe le nature simultaneamente, e quale aspetto osserviamo dipende dal tipo di esperimento condotto. Le misure effettuate determinano il contesto in cui si manifestano le proprietà delle particelle.

Il principio di complementarità ha profonde implicazioni filosofiche e concettuali. Esso sfida la visione tradizionale della fisica classica, in cui le proprietà di un oggetto sono ben definite e osservabili in modo indipendente. Invece, la fisica quantistica suggerisce che le proprietà delle particelle subatomiche sono intrinsecamente legate al processo di misurazione. Questo porta a una visione più dinamica e interattiva della realtà, in cui l'osservatore gioca un ruolo cruciale.

Bohr estese il concetto di complementarità oltre la fisica quantistica, suggerendo che esso potrebbe essere applicato a una varietà di fenomeni complessi, inclusi i sistemi biologici e persino i problemi di filosofia della mente. La complementarità diventa un principio unificante che riconosce la necessità di prospettive multiple e interconnesse per comprendere appieno la realtà.

Il dualismo onda-particella e il principio di complementarità hanno influenzato profondamente il pensiero scientifico e filosofico. Nella meccanica quantistica, questi concetti sono fondamentali per la comprensione dei fenomeni a livello microscopico. Le equazioni di Schrödinger, che descrivono l'evoluzione delle funzioni d'onda, e il principio di indeterminazione di Heisenberg, che stabilisce i limiti alla precisione con cui possiamo conoscere simultaneamente alcune coppie di proprietà fisiche, riflettono entrambi la natura dualistica e complementare delle particelle quantistiche.

Il principio di complementarità è anche alla base di molte applicazioni tecnologiche moderne. I laser, i transistor e altre tecnologie che sfruttano le proprietà quantistiche della materia sono progettati tenendo conto di questi principi. La comprensione del dualismo onda-particella ha permesso di sviluppare dispositivi che operano a livelli di precisione e efficienza inimmaginabili senza la fisica quantistica.

In conclusione, il principio di complementarità di Niels Bohr rappresenta una delle idee più rivoluzionarie e illuminanti della fisica moderna. Esso ci invita a vedere il mondo non come un insieme di oggetti con proprietà fisse e definite, ma come un sistema dinamico in cui la realtà stessa è influenzata dall'atto dell'osservazione. Questa visione più complessa e integrata della natura ci offre una comprensione più profonda dei fenomeni fisici e continua a ispirare nuove scoperte e innovazioni.

Equazione di Schrödinger

L'equazione di Schrödinger è una delle pietre miliari della fisica quantistica e rappresenta il cuore della meccanica ondulatoria. Formulata da Erwin Schrödinger nel 1926, questa equazione offre una descrizione matematica del comportamento delle particelle subatomiche, che si comportano sia come particelle che come onde. L'introduzione di questa equazione ha rivoluzionato la nostra comprensione del mondo microscopico, fornendo un quadro coerente per descrivere le dinamiche quantistiche.

Per comprendere l'importanza dell'equazione di Schrödinger, è utile partire dal contesto storico e scientifico in cui fu sviluppata. Prima di Schrödinger, la teoria quantistica era in fase di sviluppo, con contributi fondamentali da parte di scienziati come Max Planck e Niels Bohr. Bohr aveva proposto un modello atomico con livelli energetici quantizzati, ma mancava una teoria completa che potesse descrivere come e perché gli elettroni si comportano in modo quantizzato.

Schrödinger propose un approccio radicalmente nuovo, basato sul concetto di funzione d'onda. Secondo la meccanica ondulatoria, le particelle come gli elettroni non si comportano come piccole sfere solide, ma come onde che si propagano nello spazio. La funzione d'onda, rappresentata dal simbolo ψ\psiψ, descrive lo stato quantistico di una particella, fornendo informazioni sulla sua posizione e momento in termini di probabilità.

L'equazione di Schrödinger è una equazione differenziale che descrive come la funzione d'onda di una particella evolve nel tempo. Nella sua forma più semplice, per una particella in un potenziale V, l'equazione si scrive come:

$$-\frac{\hbar^2}{2m} \nabla^2 \psi + V \psi = i \hbar \frac{\partial \psi}{\partial t}$$

Dove:

$\hbar$ è la costante di Planck ridotta,

m è la massa della particella,

∇^2 è l'operatore laplaciano, che descrive la curvatura della funzione d'onda,

V è il potenziale in cui la particella si muove,

i è l'unità immaginaria,

$\frac{\partial \psi}{\partial t}$ è la derivata parziale della funzione d'onda rispetto al tempo.

Questa equazione descrive come la funzione d'onda ψ cambia nel tempo in risposta al potenziale V. La soluzione dell'equazione di

Schrödinger fornisce la funzione d'onda della particella, che può essere utilizzata per calcolare la probabilità di trovare la particella in una determinata posizione o con un determinato momento.

L'interpretazione probabilistica della funzione d'onda fu formalizzata da Max Born, che propose che il modulo quadro della funzione d'onda, $|\psi|^2$, rappresenta la densità di probabilità di trovare la particella in una determinata posizione. Questo significa che la funzione d'onda non descrive una traiettoria definita, ma piuttosto una distribuzione di probabilità, riflettendo l'intrinseca natura indeterministica della meccanica quantistica.

Uno degli esempi più celebri dell'applicazione dell'equazione di Schrödinger è il problema dell'oscillatore armonico quantistico, che descrive una particella in un potenziale parabolico. Le soluzioni a questo problema mostrano chiaramente la quantizzazione dell'energia, con la particella che può occupare solo determinati livelli energetici discreti.

L'equazione di Schrödinger ha trovato applicazione in una vasta gamma di fenomeni fisici e chimici. Ad esempio, nella fisica dello stato solido, essa è utilizzata per descrivere gli elettroni nei cristalli, fornendo la base per comprendere le proprietà elettroniche dei materiali. Nella chimica quantistica, l'equazione di Schrödinger viene utilizzata per calcolare le strutture elettroniche delle molecole, permettendo di prevedere le proprietà chimiche e reattive.

Un altro esempio importante è la descrizione del comportamento degli elettroni negli atomi. L'equazione di Schrödinger per l'atomo di idrogeno, il sistema più semplice, porta a soluzioni che corrispondono ai livelli energetici quantizzati scoperti da Bohr, ma con una base teorica molto più solida e dettagliata. Le soluzioni dell'equazione di Schrödinger per l'atomo di idrogeno sono gli orbitali atomici, che descrivono le regioni di spazio dove è più probabile trovare l'elettrone.

In conclusione, l'equazione di Schrödinger è una delle conquiste più significative della fisica moderna. Essa fornisce una descrizione matematica completa del comportamento delle particelle quantistiche, integrando il concetto di dualismo onda-particella e fornendo una base teorica per la quantizzazione dell'energia. Grazie a questa equazione, la meccanica quantistica è diventata una teoria potente e universale, capace di spiegare e prevedere una vasta gamma di fenomeni naturali e tecnologici, trasformando profondamente la nostra comprensione del mondo microscopico.

Contributi di Heisenberg

Il principio di indeterminazione di Werner Heisenberg rappresenta uno dei concetti più profondi e controintuitivi della fisica quantistica, e il suo contributo alla scienza ha cambiato radicalmente la nostra comprensione della natura stessa della realtà. Formulato nel 1927, questo principio afferma che esistono limiti fondamentali alla precisione con cui possiamo conoscere simultaneamente alcune coppie di proprietà fisiche di una particella, come la posizione e la quantità di moto.

Prima di Heisenberg, la fisica classica riteneva che con strumenti sufficientemente precisi si potessero misurare tutte le proprietà di una particella senza alcuna incertezza. Tuttavia, Heisenberg dimostrò che questo non è possibile a livello quantistico. Il principio di indeterminazione è espresso matematicamente dalla relazione:

$$\Delta x \cdot \Delta p \geq \frac{\hbar}{2}$$

dove Δx è l'incertezza nella posizione della particella, Δp è l'incertezza nella quantità di moto (momento), e $\hbar$ è la costante di Planck ridotta. Questa equazione implica che maggiore è la precisione con cui misuriamo la posizione di una particella, minore sarà la precisione con cui possiamo conoscere la sua quantità di moto, e viceversa.

Il principio di indeterminazione non è dovuto a limiti tecnologici o errori di misurazione, ma è una proprietà intrinseca della natura. Questo concetto rivoluzionario mette in luce una realtà molto diversa da quella descritta dalla fisica classica. La natura quantistica del mondo subatomico è governata da probabilità e incertezze, piuttosto che da determinismo rigoroso.

Heisenberg arrivò a questo principio attraverso lo sviluppo della meccanica matriciale, una delle prime formulazioni matematiche della meccanica quantistica. Mentre lavorava su questo approccio, scoprì che alcune quantità osservabili non potevano essere misurate simultaneamente con precisione assoluta. Questo fu un risultato sorprendente e controverso, poiché sfidava le nozioni tradizionali di osservazione e misura.

Il principio di indeterminazione ha conseguenze profonde per la nostra comprensione della realtà. Una delle implicazioni più significative è che l'idea di traiettoria definita per una particella subatomica diventa priva di significato. Nella fisica classica, possiamo tracciare il percorso di una particella con precisione infinita, ma in meccanica quantistica, la traiettoria è sostituita da una distribuzione di probabilità. Questo cambiamento concettuale è alla base di molte delle stranezze della fisica quantistica, come il dualismo onda-particella e la funzione d'onda di Schrödinger.

Heisenberg stesso era consapevole delle profonde implicazioni filosofiche del suo principio. Egli riconobbe che l'indeterminazione quantistica rappresentava una rottura con il determinismo classico e suggeriva una nuova visione della realtà, in cui il concetto di causalità deterministica veniva sostituito da un quadro probabilistico. Questo ha portato a dibattiti intensi tra i fisici dell'epoca, incluso il famoso dialogo tra Heisenberg e Albert Einstein, che si opponeva all'idea di indeterminismo nella fisica.

Il principio di indeterminazione ha trovato numerose conferme sperimentali ed è diventato una componente centrale della meccanica quantistica. Esso non solo spiega una vasta gamma di fenomeni quantistici, ma ha anche portato a importanti sviluppi tecnologici. Ad esempio, i microscopi elettronici, che utilizzano fasci di elettroni per ottenere immagini ad alta risoluzione, operano secondo i principi della meccanica quantistica e sono limitati dal principio di indeterminazione.

Inoltre, il principio di indeterminazione ha implicazioni per la fisica delle particelle e la cosmologia. Nelle scale subatomiche, l'energia e il tempo sono anch'esse soggette a una relazione di indeterminazione simile, influenzando i processi di creazione e annichilazione delle particelle. In cosmologia, queste idee sono cruciali per comprendere fenomeni come le fluttuazioni quantistiche nel vuoto, che si ritiene abbiano giocato un ruolo fondamentale nella formazione della struttura dell'universo.

In conclusione, il principio di indeterminazione di Heisenberg rappresenta uno dei contributi più significativi alla fisica moderna. Esso ha trasformato la nostra comprensione della natura fondamentale della realtà, introducendo un livello di incertezza intrinseca che sfida le intuizioni classiche. Le idee di

Heisenberg continuano a ispirare e guidare la ricerca scientifica, sottolineando la bellezza e la complessità del mondo quantistico e spingendoci a esplorare sempre più a fondo i misteri dell'universo.

Capitolo 4

Principi Fondamentali della Fisica Quantistica

Dualismo Onda-Particella

Il dualismo onda-particella è uno dei concetti più straordinari e controintuitivi della fisica quantistica, e l'esperimento della doppia fenditura è uno dei modi più eleganti per illustrarlo. Questo esperimento non solo dimostra la natura dualistica delle particelle come elettroni e fotoni, ma anche le profonde implicazioni di questa natura per la nostra comprensione della realtà.

L'esperimento della doppia fenditura fu originariamente condotto per studiare il comportamento della luce. Quando un fascio di luce passa attraverso due fenditure parallele su uno schermo, crea un pattern di interferenza caratteristico delle onde. Questo pattern consiste in una serie di frange chiare e scure sullo schermo di osservazione, risultanti dall'interferenza costruttiva e distruttiva delle onde luminose che passano attraverso le fenditure.

Questo comportamento ondulatorio della luce era ben compreso dai fisici del XIX secolo. Tuttavia, le cose diventano molto più intriganti quando l'esperimento viene ripetuto con particelle come gli elettroni. Secondo la fisica classica, ci si aspetterebbe che gli elettroni, essendo particelle, passino attraverso le fenditure e si accumulino dietro ciascuna di esse, formando due bande distinte sullo schermo. Ma, sorprendentemente, anche gli elettroni creano un pattern di interferenza, proprio come le onde luminose.

L'esperimento diventa ancora più sconcertante quando si riduce l'intensità del fascio di elettroni, inviandoli uno alla volta attraverso le fenditure. Ci si potrebbe aspettare che gli elettroni passino attraverso una fenditura o l'altra, formando due bande distinte. Invece, anche in questo caso, col tempo, emerge lo stesso pattern di interferenza. Questo suggerisce che ogni elettrone passa attraverso entrambe le fenditure simultaneamente e interferisce con se stesso, comportandosi come un'onda.

Per capire meglio cosa accade, i fisici hanno cercato di osservare attraverso quale fenditura passano gli elettroni, installando rilevatori vicino alle fenditure. Tuttavia, l'atto di osservazione cambia il risultato dell'esperimento. Quando si osserva quale fenditura attraversa un elettrone, il pattern di interferenza scompare e si formano due bande distinte, come ci si aspetterebbe per particelle classiche. Questo fenomeno suggerisce che l'atto di misurazione influenza il comportamento della particella.

Questo esperimento rivela il cuore del dualismo onda-particella: le particelle quantistiche, come gli elettroni, possiedono sia proprietà ondulatorie che particellari. Quale aspetto si manifesta dipende dall'esperimento specifico e dal tipo di misurazione effettuata. Questo concetto è alla base del principio di complementarità di Niels Bohr, che afferma che le proprietà ondulatorie e particellari delle particelle quantistiche non sono contraddittorie, ma complementari.

Il dualismo onda-particella ha profonde implicazioni filosofiche e scientifiche. Sfidando la nostra intuizione classica, esso suggerisce che la natura fondamentale della realtà non è deterministica e prevedibile, ma intrinsecamente probabilistica. Le particelle quantistiche non seguono traiettorie definite, ma esistono in una sovrapposizione di stati, descritta dalla funzione d'onda. L'osservazione o la misurazione di una proprietà quantistica causa il collasso della funzione d'onda in uno stato definito, ma prima di questo, la particella può esistere in molti stati simultaneamente.

Questo esperimento ha anche influenzato lo sviluppo della tecnologia moderna. Il dualismo onda-particella è alla base di molte applicazioni tecnologiche, come i microscopi elettronici, che sfruttano la natura ondulatoria degli elettroni per ottenere immagini ad alta risoluzione di strutture microscopiche.

In conclusione, l'esperimento della doppia fenditura è uno degli esperimenti più eleganti e illuminanti della fisica quantistica. Esso dimostra chiaramente il dualismo onda-particella e le profonde implicazioni di questo concetto per la nostra comprensione della natura della realtà. Attraverso questo esperimento, la fisica quantistica ci invita a vedere il mondo in modo nuovo, riconoscendo che le particelle subatomiche non sono semplici entità con proprietà definite, ma entità complesse che esibiscono comportamenti ondulatori e particellari in base al contesto della misurazione.

Principio di Indeterminazione

Il principio di indeterminazione, formulato da Werner Heisenberg nel 1927, è uno dei concetti più fondamentali e sorprendenti della fisica quantistica. Questo principio afferma che è impossibile conoscere simultaneamente con precisione assoluta sia la posizione che la quantità di moto di una particella. La sua formulazione matematica è:

$$\Delta x \cdot \Delta p \geq \frac{\hbar}{2}$$

dove Δx è l'incertezza nella posizione, Δp è l'incertezza nella quantità di moto e $\hbar$ è la costante di Planck ridotta. Questa relazione mostra che più precisamente si conosce la posizione di una particella, meno precisamente si può conoscere la sua quantità di moto, e viceversa.

Il principio di indeterminazione non è dovuto a limiti tecnologici o a errori di misurazione, ma è una caratteristica intrinseca della natura. In altre parole, è una proprietà fondamentale delle particelle subatomiche che riflette la natura probabilistica della meccanica quantistica. Questo principio ha profonde implicazioni sia per la fisica teorica che per la nostra comprensione filosofica della realtà.

Una delle implicazioni più significative del principio di indeterminazione è che mette in discussione l'idea classica di traiettoria definita per una particella. Nella fisica classica, la posizione e la quantità di moto di una particella possono essere conosciute con precisione infinita, permettendo di calcolare esattamente il suo percorso. In contrasto, nella meccanica quantistica, la traiettoria di una particella non è definita con precisione, ma è descritta da una funzione d'onda che rappresenta una distribuzione di probabilità.

Questa natura probabilistica della meccanica quantistica è alla base di molti fenomeni quantistici, come il dualismo onda-particella e l'effetto tunnel. Ad esempio, l'effetto tunnel è un fenomeno in cui una particella può attraversare una barriera di potenziale che, secondo la fisica classica, sarebbe insormontabile. Questo è possibile perché la funzione d'onda della particella ha una probabilità non nulla di essere trovata dall'altra parte della barriera, nonostante l'energia della particella sia inferiore all'altezza della barriera stessa.

Il principio di indeterminazione ha anche implicazioni fondamentali per il concetto di realtà. In una visione deterministica del mondo, ogni evento è causato da un evento precedente, e il futuro può essere previsto con precisione se si conoscono tutte le condizioni iniziali. Tuttavia, il principio di indeterminazione introduce un elemento di incertezza fondamentale, suggerendo che il futuro non può essere previsto con precisione assoluta. Questo porta a una visione probabilistica della realtà, in cui solo le probabilità degli eventi possono essere calcolate, non le loro esatte conseguenze.

Heisenberg stesso era consapevole delle implicazioni filosofiche del suo principio. Egli riconobbe che l'indeterminazione quantistica rappresentava una rottura con il determinismo classico e suggeriva una nuova visione della realtà, in cui il concetto di causalità deterministica veniva sostituito da un quadro probabilistico. Questo ha portato a dibattiti intensi tra i fisici dell'epoca, incluso il famoso dialogo tra Heisenberg e Albert Einstein, che si opponeva all'idea di indeterminismo nella fisica.

Il principio di indeterminazione ha trovato numerose conferme sperimentali ed è diventato una componente centrale della meccanica quantistica. Esso non solo spiega una vasta gamma di fenomeni quantistici, ma ha anche portato a importanti sviluppi tecnologici. Ad esempio, i microscopi elettronici, che utilizzano fasci di elettroni per ottenere immagini ad alta risoluzione, operano secondo i principi della meccanica quantistica e sono limitati dal principio di indeterminazione.

Inoltre, il principio di indeterminazione ha implicazioni per la fisica delle particelle e la cosmologia. Nelle scale subatomiche, l'energia e il tempo sono anch'esse soggette a una relazione di indeterminazione simile, influenzando i processi di creazione e annichilazione delle particelle. In cosmologia, queste idee sono cruciali per comprendere fenomeni come le fluttuazioni quantistiche nel vuoto, che si ritiene abbiano giocato un ruolo fondamentale nella formazione della struttura dell'universo.

In conclusione, il principio di indeterminazione di Heisenberg rappresenta uno dei contributi più significativi alla fisica moderna. Esso ha trasformato la nostra comprensione della natura fondamentale della realtà, introducendo un livello di incertezza intrinseca che sfida le intuizioni classiche. Le idee di Heisenberg continuano a ispirare e guidare la ricerca scientifica, sottolineando la bellezza e la complessità del mondo quantistico e spingendoci a esplorare sempre più a fondo i misteri dell'universo.

Sovrapposizione Quantistica

La sovrapposizione quantistica è uno dei concetti più affascinanti e misteriosi della fisica quantistica. Descrive la capacità delle particelle subatomiche di esistere in più stati simultaneamente fino a quando non vengono misurate. Questo principio è al cuore di molte delle stranezze della meccanica quantistica e ha profonde implicazioni per la nostra comprensione della realtà.

Uno degli esperimenti mentali più celebri che illustrano la sovrapposizione quantistica è il "gatto di Schrödinger", proposto da Erwin Schrödinger nel 1935. Questo esperimento mentale fu concepito per evidenziare le apparenti contraddizioni e paradossi della meccanica quantistica quando applicata a oggetti macroscopici.

Immagina di avere un gatto chiuso in una scatola insieme a un dispositivo infernale che contiene una piccola quantità di sostanza radioattiva. Se uno degli atomi della sostanza radioattiva decade, il dispositivo rilascia un veleno che uccide il gatto. La probabilità che un atomo decada in un'ora è del 50%. Secondo la meccanica quantistica, l'atomo radioattivo esiste in una sovrapposizione di stati, sia decaduto che non decaduto, fino a quando non viene osservato.

Applicando questo principio al gatto di Schrödinger, si ottiene che, finché la scatola rimane chiusa e non si osserva l'interno, il gatto si trova in una sovrapposizione di stati: sia vivo che morto simultaneamente. Solo quando si apre la scatola e si osserva, il sistema "collassa" in uno dei due stati possibili: il gatto è o vivo o morto.

Questo paradosso sottolinea la bizzarria della sovrapposizione quantistica. Mentre a livello subatomico la sovrapposizione è ben documentata e accettata, applicarla a oggetti macroscopici come un gatto crea una situazione che sfida la nostra intuizione. Il gatto di Schrödinger mette in evidenza la tensione tra la meccanica quantistica e la nostra esperienza quotidiana del mondo.

La sovrapposizione quantistica è stata sperimentalmente verificata in molti contesti, sebbene non con gatti, ma con particelle subatomiche e sistemi più piccoli. Uno degli esperimenti più noti è quello della doppia fenditura, dove particelle come elettroni mostrano un pattern di interferenza tipico delle onde, indicando che ogni particella passa attraverso entrambe le fenditure simultaneamente in una sovrapposizione di stati.

Il concetto di sovrapposizione è anche fondamentale per lo sviluppo della tecnologia quantistica, in particolare i computer quantistici. I computer quantistici sfruttano qubit, che possono esistere in una sovrapposizione di stati 0 e 1 allo stesso tempo. Questo permette ai computer quantistici di eseguire molteplici calcoli simultaneamente, offrendo potenzialmente una potenza di calcolo enormemente superiore rispetto ai computer classici per determinati problemi.

La sovrapposizione quantistica solleva importanti domande filosofiche sulla natura della realtà e il ruolo dell'osservatore. Niels Bohr, con il suo principio di complementarità, suggerì che le proprietà quantistiche sono intrinsecamente legate al processo di misurazione e che non ha senso parlare di stati definiti prima dell'osservazione. Altri fisici, come Hugh Everett, proposero l'interpretazione a molti mondi, dove ogni possibile stato quantistico si realizza in un universo parallelo distinto.

Il gatto di Schrödinger e la sovrapposizione quantistica hanno stimolato una vasta gamma di discussioni e dibattiti tra fisici e filosofi. Questi concetti ci costringono a riconsiderare le nostre concezioni fondamentali di realtà, causalità e conoscenza. La sovrapposizione quantistica non è solo una curiosità teorica, ma una finestra su un mondo microscopico che sfida la nostra comprensione intuitiva e ci invita a esplorare nuove frontiere della scienza.

In conclusione, la sovrapposizione quantistica e il paradosso del gatto di Schrödinger rappresentano alcune delle idee più profonde e provocatorie della fisica moderna. Essi ci mostrano un universo dove le particelle possono esistere in stati multipli simultaneamente, influenzati dal processo di osservazione. Questi concetti non solo sfidano la nostra intuizione, ma aprono anche nuove possibilità per la tecnologia e la comprensione scientifica, continuando a ispirare e intrigare scienziati e pensatori di tutto il mondo.

Entanglement Quantistico

L'entanglement quantistico è uno dei fenomeni più misteriosi e affascinanti della fisica quantistica, capace di mettere in discussione le nostre intuizioni più profonde sulla natura della realtà. Il concetto di entanglement, introdotto da Erwin Schrödinger nel 1935, descrive una situazione in cui due o più particelle diventano correlate in modo tale che lo stato di una particella non può essere descritto indipendentemente dallo stato delle altre, anche se le particelle sono separate da grandi distanze. Questa connessione istantanea tra particelle è stata definita da Albert Einstein come "azione spettrale a distanza", un fenomeno che egli stesso trovava difficile da accettare.

Per comprendere meglio l'entanglement, consideriamo un esempio semplice: immagina due particelle, A e B, create in un unico processo quantistico che le entangla. Se misuriamo una proprietà, come lo spin, di una delle particelle, diciamo A, troveremo che essa può essere in uno stato "su" o "giù". Tuttavia, a causa dell'entanglement, la misura dello spin di A determina istantaneamente lo spin della particella B, indipendentemente dalla distanza che le separa. Se A è "su", allora B sarà "giù", e viceversa. Questo avviene senza che vi sia alcuna comunicazione tra le particelle, suggerendo che l'informazione sulla misura si propaga istantaneamente, una possibilità che sembrerebbe violare il limite della velocità della luce imposto dalla teoria della relatività di Einstein.

Le implicazioni dell'entanglement quantistico sono state oggetto di dibattito per molti anni. Einstein, insieme a Boris Podolsky e Nathan Rosen, pubblicò un famoso articolo nel 1935, noto come paradosso EPR, in cui sosteneva che l'entanglement indicava che la meccanica quantistica era incompleta e che doveva esistere una teoria più fondamentale che includesse variabili nascoste per spiegare queste correlazioni.

Tuttavia, negli anni '60, il fisico John Bell propose un modo per testare sperimentalmente l'entanglement attraverso le disuguaglianze di Bell. Queste disuguaglianze forniscono un modo per distinguere tra le predizioni della meccanica quantistica e quelle di qualsiasi teoria a variabili nascoste locali. Se le disuguaglianze di Bell vengono violate, allora la natura intrinsecamente probabilistica e non locale della meccanica quantistica viene confermata.

I primi esperimenti per testare le disuguaglianze di Bell furono condotti negli anni '70 e '80, con risultati che violarono chiaramente le disuguaglianze, confermando così l'entanglement quantistico. Tra questi, gli esperimenti di Alain Aspect nel 1982 furono particolarmente significativi. Aspect e il suo team utilizzarono fotoni entangled per dimostrare che le correlazioni tra le misure delle particelle non potevano essere spiegate da variabili nascoste locali, supportando quindi le predizioni della meccanica quantistica.

L'entanglement quantistico non è solo una curiosità teorica, ma ha anche importanti applicazioni pratiche. Una delle applicazioni più promettenti è nel campo della crittografia quantistica. Utilizzando particelle entangled, è possibile creare chiavi crittografiche che sono fondamentalmente sicure contro qualsiasi tipo di intercettazione. Se un intruso tenta di misurare lo stato delle particelle entangled, la correlazione viene distrutta e l'intercettazione viene rilevata immediatamente.

Un'altra applicazione è nel campo del teletrasporto quantistico, che sfrutta l'entanglement per trasferire lo stato quantico di una particella a un'altra particella distante, senza trasferire fisicamente la particella stessa. Questo concetto è stato dimostrato sperimentalmente per la prima volta nel 1997 da un team guidato da Anton Zeilinger. Sebbene il teletrasporto quantistico non permetta il trasferimento istantaneo di materia, ha implicazioni importanti per il futuro del calcolo quantistico e delle comunicazioni.

Il calcolo quantistico è un altro campo che beneficia dell'entanglement. I computer quantistici utilizzano qubit entangled per eseguire calcoli complessi a velocità inimmaginabili con i computer classici. L'entanglement permette di esplorare simultaneamente molteplici percorsi di calcolo, aumentando esponenzialmente la potenza di elaborazione.

In conclusione, l'entanglement quantistico è una delle caratteristiche più sorprendenti e rivoluzionarie della meccanica quantistica. Questo fenomeno non solo sfida le nostre intuizioni classiche sulla separazione spaziale e la causalità, ma apre anche nuove frontiere nella tecnologia e nella nostra comprensione della realtà. Gli esperimenti che confermano l'entanglement e le applicazioni pratiche che ne derivano testimoniano la profondità e la potenza della fisica quantistica, rendendola una delle aree più affascinanti della scienza moderna.

Teoria dei Quanti

La teoria dei quanti, o meccanica quantistica, è una delle pietre miliari della fisica moderna. Questa teoria descrive il comportamento delle particelle subatomiche, come elettroni e fotoni, in modi che sfidano le nostre intuizioni basate sulla fisica classica. La teoria dei quanti è fondata su una serie di postulati fondamentali che definiscono la natura probabilistica della realtà quantistica e le regole che governano il comportamento delle particelle a livello microscopico.

Uno dei postulati fondamentali della meccanica quantistica è il concetto di stato quantico. Lo stato di un sistema quantistico è descritto da una funzione d'onda, spesso rappresentata dal simbolo ψ\psi$\psi$. Questa funzione d'onda contiene tutte le informazioni possibili sul sistema e può essere utilizzata per calcolare le probabilità di vari risultati delle misurazioni. La funzione d'onda evolve nel tempo secondo l'equazione di Schrödinger, una delle equazioni centrali della meccanica quantistica.

L'equazione di Schrödinger, formulata da Erwin Schrödinger nel 1926, descrive come cambia la funzione d'onda di un sistema nel tempo. Per una particella di massa mmm in un potenziale VVV, l'equazione è scritta come:

iℏ∂ψ∂t=−ℏ22m∇2ψ+Vψi \hbar \frac{\partial \psi}{\partial t} = -\frac{\hbar^2}{2m} \nabla^2 \psi + V \psiiℏ∂t∂ψ=−2mℏ2∇2ψ+Vψ

Dove iii è l'unità immaginaria, ℏ\hbarℏ è la costante di Planck ridotta, e ∇2\nabla^2∇2 è l'operatore laplaciano. Questa equazione determina l'evoluzione temporale della funzione d'onda e permette di prevedere il comportamento del sistema quantistico.

Un altro postulato fondamentale riguarda la natura probabilistica delle misurazioni quantistiche. Quando si misura una proprietà di una particella, come la posizione o la quantità di moto, il risultato della misurazione è determinato dalla probabilità data dal modulo quadro della funzione d'onda, |ψ|2|\psi|^2|ψ|2. Questo implica che non è possibile prevedere con certezza il risultato di una singola misurazione, ma solo la probabilità di ottenere un certo risultato.

Il principio di sovrapposizione è un altro postulato chiave della meccanica quantistica. Esso afferma che se un sistema può esistere in più stati quantistici diversi, allora può esistere anche in una sovrapposizione di questi stati. Questa sovrapposizione è descritta da una combinazione lineare delle funzioni d'onda dei singoli stati. Il principio di sovrapposizione è alla base di fenomeni quantistici come l'interferenza e l'entanglement.

L'entanglement, in particolare, è un fenomeno quantistico straordinario in cui due o più particelle diventano correlate in modo tale che lo stato di una particella non può essere descritto indipendentemente dallo stato delle altre. Questo implica che una misurazione su una particella entangled influisce istantaneamente sullo stato delle altre particelle, indipendentemente dalla distanza che le separa. L'entanglement ha importanti implicazioni per la crittografia quantistica e il calcolo quantistico.

Un ulteriore postulato fondamentale è il principio di indeterminazione di Heisenberg. Questo principio stabilisce che esistono limiti fondamentali alla precisione con cui possiamo conoscere simultaneamente alcune coppie di proprietà fisiche di una particella, come la posizione e la quantità di moto. La relazione di indeterminazione è data da:

$$\Delta x \cdot \Delta p \geq \frac{\hbar}{2}$$

Dove Δx è l'incertezza nella posizione e Δp è l'incertezza nella quantità di moto. Questo principio introduce un elemento di incertezza intrinseca nella descrizione quantistica della realtà, suggerendo che il mondo microscopico è governato da probabilità piuttosto che da determinismo.

Infine, un altro postulato fondamentale è la quantizzazione dell'energia. Nei sistemi quantistici, l'energia non può assumere valori continui, ma solo valori discreti. Questo è evidente negli atomi, dove gli elettroni possono occupare solo livelli energetici specifici.

Quando un elettrone salta da un livello energetico a un altro, emette o assorbe un fotone con un'energia pari alla differenza tra i due livelli.

La teoria dei quanti ha rivoluzionato la nostra comprensione del mondo microscopico e ha portato a molteplici applicazioni tecnologiche, dalla spettroscopia ai semiconduttori, ai laser e ai computer quantistici. Essa continua a essere un campo di ricerca dinamico e in espansione, con nuove scoperte che ampliano costantemente i nostri orizzonti scientifici.

In conclusione, la teoria dei quanti, fondata su postulati fondamentali come lo stato quantico, l'equazione di Schrödinger, la natura probabilistica delle misurazioni, il principio di sovrapposizione, l'entanglement e il principio di indeterminazione, offre una visione profondamente nuova e rivoluzionaria della realtà. Essa non solo sfida le nostre intuizioni classiche, ma apre anche nuove strade per l'innovazione tecnologica e la comprensione scientifica, rendendo la fisica quantistica una delle discipline più affascinanti e influenti della scienza moderna.

Probabilità e Funzione d'Onda

La probabilità e la funzione d'onda sono concetti fondamentali nella meccanica quantistica, una teoria che ha rivoluzionato la nostra comprensione del mondo microscopico. L'interpretazione probabilistica della funzione d'onda, proposta da Max Born nel 1926, rappresenta una delle idee più importanti e controintuitive della fisica quantistica. Essa descrive come la funzione d'onda di una particella non fornisca informazioni deterministiche sulla sua posizione o quantità di moto, ma piuttosto una distribuzione di probabilità.

La funzione d'onda, rappresentata dal simbolo ψ, è una soluzione dell'equazione di Schrödinger e contiene tutte le informazioni possibili sullo stato quantistico di una particella o di un sistema di particelle. Tuttavia, ψ stessa non ha un significato fisico diretto fino a quando non viene interpretata in termini probabilistici. L'interpretazione di Born afferma che il modulo quadro della funzione d'onda, $|\psi|^2$, rappresenta la densità di probabilità di trovare una particella in una determinata posizione al momento della misurazione.

Questa interpretazione probabilistica è profondamente diversa dall'approccio deterministico della fisica classica. Nella meccanica classica, possiamo calcolare con precisione la traiettoria di una particella se conosciamo le sue condizioni iniziali. In contrasto, nella meccanica quantistica, possiamo solo calcolare la probabilità di trovare la particella in una certa posizione o con una certa quantità di moto. Questo introduce un elemento di incertezza intrinseca nella descrizione della realtà.

Consideriamo un esempio pratico per chiarire questo concetto: l'atomo di idrogeno. L'equazione di Schrödinger per l'elettrone nell'atomo di idrogeno fornisce una serie di funzioni d'onda, note come orbitali atomici, ciascuna corrispondente a un diverso livello energetico dell'elettrone. Questi orbitali non descrivono traiettorie precise per l'elettrone, ma regioni di spazio dove è più probabile trovare l'elettrone. L'orbitale 1s1s1s, per esempio, descrive una distribuzione sferica di probabilità attorno al nucleo, indicando che l'elettrone ha la massima probabilità di essere trovato vicino al nucleo ma può trovarsi ovunque all'interno di questa regione.

La natura probabilistica della funzione d'onda porta a fenomeni quantistici sorprendenti e controintuitivi. Uno di questi è l'effetto tunnel, in cui una particella ha una probabilità non nulla di attraversare una barriera di potenziale anche se la sua energia è inferiore all'altezza della barriera. Questo effetto è alla base del funzionamento di dispositivi come i diodi a tunnel e ha applicazioni in molte tecnologie avanzate.

Un altro esempio è l'interferenza quantistica, che si manifesta chiaramente nell'esperimento della doppia fenditura. Quando particelle come elettroni vengono inviate attraverso due fenditure, la loro funzione d'onda si sovrappone, creando un pattern di interferenza sullo schermo di rilevamento. Questo pattern è il risultato delle probabilità di rilevamento delle particelle in vari punti, confermando la natura ondulatoria delle particelle e l'importanza dell'interpretazione probabilistica.

L'interpretazione probabilistica della funzione d'onda ha anche implicazioni filosofiche profonde. Essa suggerisce che la realtà a livello microscopico non è deterministica, ma governata da probabilità e incertezze. Questa visione probabilistica solleva domande fondamentali sulla natura della realtà e il ruolo dell'osservatore. Niels Bohr, uno dei pionieri della meccanica quantistica, propose il principio di complementarità, che afferma che le proprietà delle particelle quantistiche sono intrinsecamente legate al processo di misurazione e che la descrizione completa di un sistema richiede considerare sia la sua natura ondulatoria che particellare.

L'interpretazione probabilistica ha trovato conferme sperimentali in numerosi contesti e ha resistito alla prova del tempo. Gli esperimenti di diffrazione e interferenza, il comportamento degli atomi e delle molecole, e le applicazioni tecnologiche della meccanica quantistica, come i laser e i transistor, sono tutte spiegabili solo attraverso questa interpretazione.

In conclusione, la probabilità e la funzione d'onda sono elementi chiave della meccanica quantistica. L'interpretazione probabilistica della funzione d'onda, proposta da Max Born, ha trasformato la nostra comprensione della realtà a livello microscopico, introducendo un elemento di incertezza che sfida le intuizioni classiche. Questo concetto non solo ha ampliato i confini della fisica teorica, ma ha anche portato a innovazioni tecnologiche rivoluzionarie, dimostrando la potenza e la versatilità della teoria quantistica. La natura probabilistica della funzione d'onda continua a essere un'area di intenso studio e dibattito, rivelando sempre nuove profondità e complessità nel mondo quantistico.

Capitolo 5

La Teoria della Relatività e la Fisica Quantistica

Relatività Ristretta

La teoria della relatività ristretta, formulata da Albert Einstein nel 1905, rappresenta una delle più grandi rivoluzioni nella storia della fisica. Essa ha trasformato la nostra comprensione dello spazio e del tempo, sfidando le intuizioni della fisica classica e introducendo concetti che, a prima vista, possono sembrare paradossali. I principi fondamentali della relatività ristretta si basano su due postulati che Einstein propose per risolvere le discrepanze tra la meccanica newtoniana e l'elettromagnetismo di Maxwell.

Il primo postulato della relatività ristretta è il principio di relatività, che afferma che le leggi della fisica sono le stesse in tutti i sistemi di riferimento inerziali. Un sistema di riferimento inerziale è uno stato di moto in cui un oggetto non soggetto a forze rimane in moto rettilineo uniforme o a riposo. Questo principio implica che non esiste un sistema di riferimento privilegiato; le leggi della fisica devono apparire uguali a tutti gli osservatori che si muovono a velocità costante l'uno rispetto all'altro. Questo concetto era in parte già presente nella meccanica classica di Galileo, ma Einstein lo estese all'elettromagnetismo, suggerendo che anche le equazioni di Maxwell devono essere valide in tutti i sistemi di riferimento inerziali.

Il secondo postulato è il principio della costanza della velocità della luce, che stabilisce che la velocità della luce nel vuoto è la stessa per tutti gli osservatori, indipendentemente dal moto della sorgente di luce o dell'osservatore. Questa idea era radicale perché contraddiceva la fisica classica, che prevedeva che la velocità della luce dovrebbe variare a seconda del moto relativo tra la sorgente e l'osservatore. La costanza della velocità della luce implica che il tempo e lo spazio non possono essere assoluti, ma devono adattarsi in modo da mantenere invariata questa velocità.

Questi due postulati conducono a una serie di conseguenze sorprendenti e controintuitive. Una delle più famose è la dilatazione del tempo. Secondo la relatività ristretta, un orologio in movimento rispetto a un osservatore in un sistema di riferimento inerziale batte più lentamente rispetto a un orologio a riposo rispetto allo stesso osservatore. Questo effetto è stato confermato sperimentalmente con orologi atomici e particelle in rapido movimento, come i muoni prodotti nei raggi cosmici, che vivono più a lungo del previsto quando viaggiano a velocità prossime a quella della luce.

Un'altra conseguenza fondamentale è la contrazione delle lunghezze. Gli oggetti in movimento rispetto a un osservatore appaiono contratti nella direzione del moto. Questo effetto è direttamente collegato alla dilatazione del tempo ed è una manifestazione della stessa natura dinamica dello spazio-tempo.

La relatività ristretta porta anche alla famosa equazione $E=mc2E = mc^2E=mc2$, che stabilisce l'equivalenza tra massa ed energia. Questa equazione implica che una piccola quantità di massa può essere convertita in una grande quantità di energia, un principio che sta alla base delle reazioni nucleari e della produzione di energia nelle stelle.

La teoria della relatività ristretta ha avuto un impatto profondo sulla fisica moderna e ha portato a molteplici verifiche sperimentali. La sua formulazione ha permesso di spiegare fenomeni che non potevano essere compresi con la meccanica classica, come l'anomalia del perielio di Mercurio e la produzione di particelle ad alte energie nei collider di particelle. Inoltre, la relatività ristretta ha aperto la strada alla teoria della relatività generale, che estende questi concetti includendo gli effetti della gravità.

Il successo della relatività ristretta risiede non solo nelle sue predizioni precise e verificabili, ma anche nella sua eleganza concettuale. Essa mostra come le nozioni di spazio e tempo siano intimamente legate e come la nostra percezione della realtà debba adattarsi ai limiti imposti dalla velocità della luce.

In conclusione, la teoria della relatività ristretta di Einstein ha rivoluzionato la nostra comprensione del mondo fisico. I suoi principi fondamentali, il principio di relatività e la costanza della velocità della luce, hanno cambiato per sempre il modo in cui concepiamo lo spazio e il tempo. Le implicazioni di questa teoria continuano a influenzare la fisica moderna e la tecnologia, rendendo la relatività ristretta uno dei pilastri della scienza contemporanea.

Relatività Generale

La teoria della relatività generale, sviluppata da Albert Einstein nel 1915, rappresenta una delle più grandi conquiste intellettuali nella storia della fisica. Questa teoria amplia la relatività ristretta per includere la gravità, descrivendo come la presenza di massa ed energia influisce sulla geometria dello spazio-tempo. La relatività generale non solo ha rivoluzionato la nostra comprensione della gravità, ma ha anche fornito una nuova visione dell'universo.

Il concetto centrale della relatività generale è che la gravità non è una forza nel senso tradizionale, come descritto da Isaac Newton, ma piuttosto una manifestazione della curvatura dello spazio-tempo causata dalla massa e dall'energia. Secondo Einstein, lo spazio e il tempo sono intrecciati in una struttura a quattro dimensioni chiamata spazio-tempo, e la presenza di massa ed energia deforma questa struttura. Gli oggetti in movimento seguono traiettorie curve in questo spazio-tempo curvato, e ciò che noi percepiamo come forza di gravità è in realtà il risultato di questa curvatura.

La relatività generale è formalizzata nelle equazioni di campo di Einstein, un insieme di equazioni differenziali che descrivono come la materia e l'energia influenzano la curvatura dello spazio-tempo. Queste equazioni possono essere scritte nella forma:

$$G_{\mu\nu} + \Lambda g_{\mu\nu} = \frac{8\pi G}{c^4} T_{\mu\nu}$$

Dove $G_{\mu\nu}$ è il tensore di curvatura di Einstein, Λ è la costante cosmologica, $g_{\mu\nu}$ è il tensore metrico che descrive la geometria dello spazio-tempo, G è la costante di gravitazione universale, c è la velocità della luce e $T_{\mu\nu}$ è il tensore energia-impulso che descrive la distribuzione di materia ed energia.

Una delle prime e più celebri conferme della relatività generale è venuta dall'osservazione della deflessione della luce delle stelle durante un'eclissi solare. Nel 1919, l'astronomo Sir Arthur Eddington condusse un esperimento durante un'eclissi totale di Sole per misurare la posizione apparente delle stelle vicino al Sole. Le osservazioni confermarono che la luce delle stelle veniva deviata dalla curvatura dello spazio-tempo intorno al Sole, esattamente come previsto da Einstein. Questo esperimento non solo confermò la relatività generale, ma rese famoso Einstein in tutto il mondo, consolidando la relatività generale come una delle teorie fondamentali della fisica moderna.

Un'altra importante conferma della relatività generale è venuta dallo studio dell'orbita di Mercurio. L'orbita di Mercurio presenta una precessione anomala del suo perielio, che non poteva essere spiegata completamente dalla meccanica newtoniana. Le equazioni di Einstein, tuttavia, prevedevano con precisione questa precessione, fornendo una prova ulteriore della validità della teoria.

La relatività generale ha anche predetto l'esistenza di buchi neri, regioni dello spazio-tempo dove la curvatura è così forte che nulla, nemmeno la luce, può sfuggire. La soluzione delle equazioni di campo di Einstein per una massa concentrata in un punto porta alla descrizione di un buco nero, un'idea che inizialmente sembrava puramente teorica. Tuttavia, le osservazioni astronomiche hanno successivamente confermato l'esistenza di buchi neri, con prove indirette come la radiazione emessa da gas riscaldati mentre cadono in essi e le orbite delle stelle che rivelano la presenza di oggetti invisibili e massicci.

La teoria della relatività generale ha anche predetto l'espansione dell'universo. Einstein inizialmente introdusse la costante cosmologica per mantenere un universo statico, ma le osservazioni di Edwin Hubble negli anni '20 mostrarono che l'universo è in espansione. Questo portò Einstein a descrivere la costante cosmologica come il suo "più grande errore". Oggi, la costante cosmologica è stata reintrodotta nel contesto dell'energia oscura, una forza misteriosa che sembra accelerare l'espansione dell'universo.

Una delle predizioni più recenti e spettacolari della relatività generale è la rilevazione delle onde gravitazionali. Le onde gravitazionali sono increspature nello spazio-tempo generate da eventi cosmici catastrofici, come la fusione di buchi neri. Nel 2015, il rilevatore LIGO (Laser Interferometer Gravitational-Wave Observatory) osservò per la prima volta queste onde, confermando ulteriormente la teoria di Einstein. La scoperta delle onde gravitazionali ha aperto una nuova finestra sull'universo, permettendo agli scienziati di studiare eventi cosmici con un mezzo completamente nuovo.

La relatività generale ha influenzato profondamente la cosmologia moderna, fornendo il quadro teorico per il modello del Big Bang e l'evoluzione dell'universo. La teoria è alla base delle moderne teorie della gravità quantistica, che cercano di unificare la relatività generale con la meccanica quantistica. Anche se questa unificazione non è ancora stata raggiunta, la relatività generale rimane uno degli strumenti più potenti per comprendere il cosmo.

In conclusione, la teoria della relatività generale di Einstein ha trasformato la nostra comprensione della gravità e della struttura dell'universo. Il concetto di curvatura dello spazio-tempo ha ridefinito il nostro modo di vedere la gravità, spostando l'attenzione da una forza di attrazione a una deformazione geometrica dello spazio-tempo causata dalla massa e dall'energia. Le predizioni della relatività generale, confermate da numerosi esperimenti e osservazioni, continuano a influenzare profondamente la fisica e la cosmologia, spingendo i confini della conoscenza umana e aprendo nuove frontiere nella comprensione dell'universo.

Interazione tra Relatività e Quantistica

L'interazione tra la teoria della relatività e la meccanica quantistica rappresenta una delle sfide più affascinanti e difficili della fisica moderna. Entrambe le teorie sono straordinariamente accurate nei loro rispettivi domini: la relatività generale descrive con successo la gravità e il comportamento dello spazio-tempo su scale cosmiche, mentre la meccanica quantistica spiega i fenomeni subatomici con una precisione impressionante. Tuttavia, combinarle in un'unica teoria coerente si è rivelato estremamente difficile, portando a numerosi paradossi e problemi.

Uno dei principali problemi nell'unificare la relatività generale e la meccanica quantistica è che queste teorie sono fondate su principi matematici e filosofici molto diversi. La relatività generale è una teoria continua e deterministica dello spazio-tempo, descritta da equazioni differenziali non lineari. Essa tratta la gravità come una curvatura dello spazio-tempo causata dalla massa e dall'energia. Al contrario, la meccanica quantistica è intrinsecamente probabilistica e descrive il comportamento delle particelle attraverso funzioni d'onda e operatori lineari. La quantizzazione implica che alcune grandezze fisiche, come l'energia, possano assumere solo valori discreti.

Il tentativo di combinare questi due approcci conduce a gravi difficoltà matematiche. Ad esempio, quando si cerca di quantizzare la gravità, emergono infiniti che non possono essere facilmente rimossi o normalizzati, a differenza di quanto avviene nelle teorie quantistiche dei campi per le altre forze fondamentali. Questi infiniti rendono le equazioni della gravità quantistica non trattabili con i metodi standard della meccanica quantistica.

Uno dei paradossi più noti che emerge dall'interazione tra relatività e quantistica è il problema dell'informazione nei buchi neri. Secondo la relatività generale, un buco nero è una regione dello spazio-tempo con una gravità così intensa che nulla, nemmeno la luce, può sfuggirvi. Tuttavia, la meccanica quantistica suggerisce che l'informazione non può essere distrutta. Il problema dell'informazione dei buchi neri riguarda ciò che accade all'informazione contenuta in un oggetto che cade in un buco nero. Stephen Hawking ha dimostrato che i buchi neri possono evaporare attraverso un processo noto come radiazione di Hawking, emettendo particelle quantistiche. Questo porta al paradosso: se un buco nero evapora completamente, sembra che l'informazione venga persa, in contraddizione con i principi della meccanica quantistica.

Un altro approccio per unificare la relatività generale e la meccanica quantistica è la teoria delle stringhe, che propone che le particelle fondamentali non siano punti, ma minuscole corde vibranti. Le diverse vibrazioni delle corde corrispondono alle diverse particelle elementari. La teoria delle stringhe è promettente perché può incorporare naturalmente la gravità quantistica, ma non è ancora stata confermata sperimentalmente e rimane altamente teorica e complessa.

Un'alternativa alla teoria delle stringhe è la gravità quantistica a loop, che tenta di quantizzare direttamente lo spazio-tempo usando una rete di loop finiti. Questa teoria preserva alcune caratteristiche della relatività generale mentre introduce quantizzazioni discrete delle aree e dei volumi dello spazio-tempo. Anche se la gravità quantistica a loop ha prodotto risultati interessanti, come l'eliminazione delle singolarità nei buchi neri, essa non è ancora una teoria completa e definitiva.

L'unificazione della relatività generale e della meccanica quantistica è ulteriormente complicata dalle condizioni estreme presenti all'inizio dell'universo, nel cosiddetto Big Bang, dove entrambe le teorie devono essere applicate simultaneamente. La comprensione di questi eventi richiede una teoria coerente della gravità quantistica che possa descrivere le dinamiche dello spazio-tempo su scale estremamente piccole e dense.

In conclusione, l'interazione tra la relatività generale e la meccanica quantistica presenta una delle sfide più grandi e intriganti della fisica moderna. Le difficoltà matematiche, i paradossi concettuali e le condizioni estreme che richiedono una teoria unificata rendono questa impresa particolarmente complessa.

Tuttavia, la ricerca continua in questo campo promette di rivelare nuove intuizioni fondamentali sull'universo e potrebbe portare a una comprensione più profonda delle leggi della natura. Le teorie come la teoria delle stringhe e la gravità quantistica a loop rappresentano passi importanti in questa direzione, ma il percorso verso una teoria unificata completa è ancora in corso, mantenendo vivo l'interesse e la curiosità dei fisici di tutto il mondo.

Esperimenti Chiave

Gli esperimenti chiave nella fisica moderna hanno svolto un ruolo cruciale nel confermare le teorie della relatività e della meccanica quantistica, fornendo evidenze sperimentali che hanno rivoluzionato la nostra comprensione dell'universo. Questi esperimenti non solo hanno convalidato le predizioni teoriche, ma hanno anche aperto nuove frontiere nella ricerca scientifica. Esploriamo alcuni degli esperimenti più significativi che hanno confermato le teorie di Einstein e i principi della meccanica quantistica.

Uno dei primi e più celebri esperimenti che confermò la teoria della relatività generale di Einstein fu l'osservazione della deflessione della luce delle stelle durante un'eclissi solare. Nel 1919, l'astronomo Sir Arthur Eddington condusse un esperimento durante un'eclissi totale di Sole per misurare la posizione apparente delle stelle vicino al bordo del Sole. Secondo la relatività generale, la gravità del Sole dovrebbe curvare lo spazio-tempo intorno ad esso, deviando il percorso della luce delle stelle. Le osservazioni di Eddington confermarono che la luce delle stelle era deviata esattamente come previsto da Einstein, fornendo una prova diretta della curvatura dello spazio-tempo.

Un altro esperimento fondamentale è il test della dilatazione del tempo mediante orologi atomici. La dilatazione del tempo è una delle predizioni della relatività ristretta, che afferma che un orologio in movimento rispetto a un osservatore in un sistema di riferimento inerziale batte più lentamente rispetto a un orologio a riposo. Questo effetto è stato verificato con precisione nel famoso esperimento Hafele-Keating del 1971. In questo esperimento, orologi atomici furono posti a bordo di aerei che volavano intorno al mondo in direzioni opposte. Al loro ritorno, si scoprì che gli orologi a bordo degli aerei avevano segnato tempi diversi rispetto a quelli rimasti a terra, confermando la dilatazione del tempo prevista dalla relatività ristretta.

La scoperta della radiazione di fondo cosmica a microonde (CMB) nel 1965 da parte di Arno Penzias e Robert Wilson rappresenta un'altra conferma cruciale delle teorie cosmologiche derivanti dalla relatività generale. La CMB è il residuo del Big Bang, un segnale debole e uniforme che pervade l'intero universo, fornendo una prova diretta della sua espansione e del modello cosmologico standard. Questa scoperta ha fornito un forte sostegno al Big Bang come teoria dominante dell'origine dell'universo.

Nel campo della meccanica quantistica, uno degli esperimenti più importanti è l'esperimento della doppia fenditura con elettroni, che dimostra il dualismo onda-particella. Quando un fascio di elettroni passa attraverso due fenditure parallele, forma un pattern di interferenza sullo schermo di rilevamento, simile a quello delle onde luminose. Questo comportamento ondulatorio degli elettroni, che si comportano come particelle in altre circostanze, conferma il principio di complementarità della meccanica quantistica.

Un'altra conferma sperimentale cruciale è venuta dagli esperimenti di Alain Aspect negli anni '80, che testarono le disuguaglianze di Bell. Questi esperimenti dimostrarono che le particelle entangled mostrano correlazioni che non possono essere spiegate da teorie a variabili nascoste locali, confermando le predizioni della meccanica quantistica e l'entanglement quantistico. Gli esperimenti di Aspect hanno fornito una forte evidenza che la meccanica quantistica è una descrizione completa e accurata della realtà, sfidando le intuizioni classiche di separabilità e località.

La rilevazione delle onde gravitazionali da parte dell'osservatorio LIGO nel 2015 è un'altra conferma spettacolare della relatività generale. Le onde gravitazionali, previste da Einstein nel 1916, sono increspature nello spazio-tempo generate da eventi cosmici catastrofici, come la fusione di buchi neri. La scoperta di LIGO ha aperto una nuova finestra sull'universo, permettendo agli scienziati di osservare eventi cosmici con un nuovo tipo di "vista" e confermando ulteriormente le predizioni della relatività generale.

Infine, la scoperta del bosone di Higgs nel 2012 al Large Hadron Collider (LHC) ha rappresentato un trionfo per il Modello Standard della fisica delle particelle, una teoria che unifica meccanica quantistica e interazioni fondamentali. Il bosone di Higgs è la particella responsabile di dare massa alle altre particelle elementari. La sua scoperta ha confermato un elemento chiave del Modello Standard, sebbene non risolva la questione della gravità quantistica.

In conclusione, gli esperimenti chiave nella fisica moderna hanno confermato con precisione le teorie della relatività e della meccanica quantistica, fornendo prove sperimentali che hanno trasformato la nostra comprensione dell'universo. Questi esperimenti non solo hanno convalidato le predizioni teoriche, ma hanno anche aperto nuove strade per la ricerca scientifica, dimostrando la potenza e la versatilità delle teorie fondamentali della fisica.

Teoria dei Campi Quantistici

La teoria dei campi quantistici (QFT) è una delle pietre miliari della fisica moderna, che combina i principi della meccanica quantistica con quelli della relatività ristretta per descrivere le interazioni fondamentali tra particelle subatomiche. Introdotta nel XX secolo, la QFT fornisce un quadro teorico potente e versatile che ha rivoluzionato la nostra comprensione dell'universo a livello microscopico.

Alla base della QFT c'è l'idea che le particelle elementari, come elettroni e fotoni, non siano semplici punti nel vuoto, ma eccitazioni di campi quantistici che permeano l'intero spazio. Un campo quantistico è una funzione che associa un valore a ogni punto nello spazio-tempo, e le particelle sono viste come quanti di energia di questi campi. Questa visione unifica il comportamento delle particelle con le onde, introducendo una descrizione coerente per entrambe.

Una delle teorie dei campi quantistici più importanti è l'elettrodinamica quantistica (QED), che descrive l'interazione tra luce e materia. QED è stata sviluppata da Richard Feynman, Julian Schwinger e Sin-Itiro Tomonaga negli anni '40, ed è considerata una delle teorie più accurate e di successo nella storia della fisica. La QED utilizza il formalismo delle diagrammi di Feynman per calcolare le probabilità di diversi processi, come l'emissione e l'assorbimento di fotoni da parte di elettroni. Le previsioni della QED sono state confermate con una precisione incredibile in numerosi esperimenti, rendendola un pilastro della fisica moderna.

La QFT non si limita solo alle interazioni elettromagnetiche. Essa fornisce il quadro teorico per descrivere tutte le interazioni fondamentali, inclusa la forza forte e la forza debole, che sono mediate rispettivamente dai gluoni e dai bosoni W e Z. La cromodinamica quantistica (QCD) è la teoria dei campi che descrive l'interazione forte tra quark e gluoni.

Come la QED, la QCD utilizza il formalismo delle particelle mediatrici e delle cariche di colore per spiegare come i quark sono confinati nei protoni e nei neutroni, formando il nucleo atomico.

La teoria dei campi quantistici è anche alla base del Modello Standard della fisica delle particelle, che unifica le tre forze fondamentali (elettromagnetica, forte e debole) in un quadro coerente. Il Modello Standard descrive con successo un'ampia gamma di fenomeni e ha previsto l'esistenza di particelle che sono state successivamente scoperte sperimentalmente, come i bosoni W e Z e il bosone di Higgs.

Il bosone di Higgs, scoperto nel 2012 al Large Hadron Collider (LHC), è una componente fondamentale del Modello Standard. La sua scoperta ha confermato la teoria del campo di Higgs, che spiega come le particelle acquistano massa. Il campo di Higgs è un campo scalare che permea l'intero spazio-tempo, e le particelle elementari acquisiscono massa interagendo con questo campo. La scoperta del bosone di Higgs ha rappresentato un trionfo per la QFT e il Modello Standard, confermando una previsione teorica cruciale.

Nonostante i suoi successi, la QFT non è priva di sfide. Una delle principali sfide è l'integrazione della gravità in questo quadro teorico. La relatività generale descrive la gravità come una curvatura dello spazio-tempo causata dalla massa ed energia, ma la quantizzazione della gravità si è rivelata estremamente difficile. Diverse teorie, come la teoria delle stringhe e la gravità quantistica a loop, tentano di unificare la QFT con la relatività generale, ma una teoria completa della gravità quantistica rimane elusiva.

Inoltre, la QFT ha portato a sviluppi tecnologici significativi, tra cui la fisica dei semiconduttori, che è alla base dei transistor e dei circuiti integrati, e la tecnologia laser. Queste applicazioni hanno trasformato la nostra vita quotidiana, dimostrando l'importanza pratica della QFT oltre alla sua rilevanza teorica.

In conclusione, la teoria dei campi quantistici è un pilastro della fisica moderna, che fornisce un quadro unificato per descrivere le interazioni fondamentali tra particelle. Essa ha rivoluzionato la nostra comprensione dell'universo a livello microscopico e ha portato a previsioni teoriche straordinariamente accurate, confermate da esperimenti. Nonostante le sfide ancora aperte, come l'unificazione con la gravità, la QFT rimane una delle teorie più potenti e versatili della fisica, con un impatto profondo sia sulla scienza fondamentale che sulle tecnologie moderne.

Gravità Quantistica

La gravità quantistica rappresenta una delle sfide più grandi e intriganti della fisica teorica. Essa tenta di unificare la teoria della relatività generale di Albert Einstein, che descrive la gravità come una curvatura dello spazio-tempo, con i principi della meccanica quantistica, che governano il comportamento delle particelle subatomiche. Sebbene entrambe le teorie siano straordinariamente accurate nei loro rispettivi domini, combinarle in un'unica teoria coerente si è rivelato estremamente difficile, portando a numerosi tentativi e approcci innovativi.

Una delle principali difficoltà nella quantizzazione della gravità è che la relatività generale è una teoria continua e geometrica, mentre la meccanica quantistica è discreta e probabilistica. Quando si cerca di applicare i metodi della teoria quantistica dei campi alla gravità, emergono infiniti che non possono essere facilmente eliminati, rendendo le equazioni non trattabili. Questo problema richiede nuovi approcci per descrivere la gravità a livello quantistico.

Uno dei tentativi più noti di unificare la gravità con la meccanica quantistica è la teoria delle stringhe. Invece di descrivere le particelle fondamentali come punti, la teoria delle stringhe le rappresenta come minuscole corde vibranti. Le diverse modalità di vibrazione delle corde corrispondono alle diverse particelle elementari. La teoria delle stringhe è promettente perché include naturalmente una particella che ha le proprietà del gravitone, il mediatore ipotetico della forza di gravità quantistica. Tuttavia, la teoria delle stringhe richiede l'esistenza di dimensioni extra oltre le quattro (tre spaziali e una temporale) che sperimentiamo quotidianamente, e queste dimensioni extra non sono ancora state osservate.

Un altro approccio alla gravità quantistica è la gravità quantistica a loop (LQG). La LQG tenta di quantizzare direttamente lo spazio-tempo utilizzando una rete di loop finiti. Questo approccio preserva alcune caratteristiche fondamentali della relatività generale, come la geometria dinamica dello spazio-tempo, mentre introduce quantizzazioni discrete delle aree e dei volumi. La LQG ha prodotto risultati interessanti, come l'eliminazione delle singolarità nei buchi neri, suggerendo che i buchi neri potrebbero avere un nucleo finito invece di una singolarità infinita. Tuttavia, la LQG è ancora una teoria in fase di sviluppo e non è ancora stata testata sperimentalmente in modo definitivo.

La teoria della gravità quantistica effettiva è un altro approccio che cerca di descrivere gli effetti della gravità quantistica su grandi scale, mantenendo la relatività generale come un'approssimazione a bassa energia. Questa teoria considera le correzioni quantistiche alla gravità, che diventano significative solo a energie estremamente elevate, come quelle presenti nei primi momenti dell'universo o nelle vicinanze di buchi neri.

I tentativi di unificazione della gravità con la meccanica quantistica non si limitano a queste teorie principali. Esistono altri approcci, come la teoria di twistori, la teoria della causal set, e la gravità emergente, che offrono diverse prospettive sulla natura fondamentale dello spazio-tempo e della gravità. Ogni approccio ha i suoi punti di forza e le sue sfide, e la ricerca continua in questo campo è vivace e in continua evoluzione.

Un aspetto importante nella ricerca sulla gravità quantistica è la necessità di verifiche sperimentali. Mentre la relatività generale e la meccanica quantistica sono state ampiamente confermate da esperimenti e osservazioni, le teorie di gravità quantistica devono ancora essere testate direttamente. Gli esperimenti con i rilevatori di onde gravitazionali, come LIGO e Virgo, e le osservazioni di fenomeni cosmologici estremi, come le fusioni di buchi neri, potrebbero fornire indizi preziosi su come la gravità e la meccanica quantistica possano essere unificate.

In conclusione, la gravità quantistica rappresenta una delle frontiere più affascinanti della fisica teorica. I tentativi di unificare la relatività generale con la meccanica quantistica, come la teoria delle stringhe e la gravità quantistica a loop, offrono prospettive innovative ma ancora incomplete. La ricerca in questo campo continua a esplorare nuove idee e a cercare verifiche sperimentali, con l'obiettivo di ottenere una comprensione più profonda e unificata delle leggi fondamentali della natura. La strada verso una teoria completa della gravità quantistica è ancora lunga, ma le scoperte future promettono di rivoluzionare la nostra comprensione dell'universo.

Capitolo 6

Gli Esperimenti Pionieristici

Esperimento della Doppia Fenditura

L'esperimento della doppia fenditura è uno degli esperimenti più celebri e fondamentali della fisica, illustrando in modo chiaro e sorprendente il dualismo onda-particella e la natura probabilistica della meccanica quantistica. Questo esperimento, originariamente concepito per studiare la natura della luce, è stato successivamente adattato per esplorare il comportamento di particelle come gli elettroni, rivelando caratteristiche fondamentali della realtà quantistica.

L'esperimento classico della doppia fenditura fu eseguito per la prima volta dal fisico Thomas Young nel 1801. Young dimostrò che quando la luce passa attraverso due fenditure parallele su uno schermo, essa produce un pattern di interferenza sullo schermo di osservazione. Questo pattern consiste in una serie di frange chiare e scure alternate, causate dall'interferenza costruttiva e distruttiva delle onde luminose che emergono dalle fenditure. L'esperimento di Young confermò che la luce si comporta come un'onda, un risultato che era in contrasto con l'idea dominante all'epoca che la luce fosse composta da particelle.

Nel XX secolo, l'esperimento della doppia fenditura fu ripetuto con particelle subatomiche come gli elettroni, grazie agli sviluppi della meccanica quantistica. Quando un fascio di elettroni viene inviato attraverso due fenditure parallele, si osserva ancora un pattern di interferenza sullo schermo di rilevamento, simile a quello prodotto dalla luce. Questo risultato è sorprendente perché, secondo la fisica classica, ci si aspetterebbe che gli elettroni, essendo particelle, passino attraverso una delle due fenditure e formino due bande distinte sullo schermo. Invece, il pattern di interferenza indica che ogni elettrone passa attraverso entrambe le fenditure simultaneamente, comportandosi come un'onda che interferisce con se stessa.

La situazione diventa ancora più affascinante quando si riduce l'intensità del fascio di elettroni, inviandoli uno alla volta attraverso le fenditure. Anche in questo caso, col tempo, emerge un pattern di interferenza sullo schermo, suggerendo che ogni singolo elettrone interferisce con se stesso. Questo risultato sfida ulteriormente la nostra intuizione classica, poiché implica che gli elettroni esistono in uno stato di sovrapposizione, passando simultaneamente attraverso entrambe le fenditure fino a quando non vengono rilevati.

L'esperimento della doppia fenditura evidenzia anche un aspetto cruciale della meccanica quantistica: il ruolo dell'osservazione. Quando si cerca di determinare attraverso quale fenditura passa un elettrone, installando rilevatori vicino alle fenditure, il pattern di interferenza scompare.

Invece, si osservano due bande distinte, come ci si aspetterebbe per particelle classiche. Questo fenomeno suggerisce che l'atto di misurazione influenza il comportamento delle particelle, causando il collasso della funzione d'onda in uno stato definito.

Le implicazioni dell'esperimento della doppia fenditura sono profonde e hanno portato a una riconsiderazione delle nozioni fondamentali di realtà e causalità. Il dualismo onda-particella, dimostrato dall'esperimento, implica che le particelle subatomiche possiedono sia proprietà ondulatorie che particellari, e quale aspetto si manifesta dipende dal tipo di esperimento e dalla misurazione effettuata. Questo concetto è alla base del principio di complementarità di Niels Bohr, che afferma che le proprietà delle particelle quantistiche non sono contraddittorie, ma complementari.

L'esperimento della doppia fenditura ha anche avuto un impatto significativo sulle tecnologie moderne. Ad esempio, i microscopi elettronici sfruttano la natura ondulatoria degli elettroni per ottenere immagini ad alta risoluzione di strutture microscopiche. Inoltre, il principio di sovrapposizione e l'interferenza quantistica sono alla base dello sviluppo dei computer quantistici, che promettono di rivoluzionare il calcolo sfruttando le proprietà quantistiche delle particelle.

In conclusione, l'esperimento della doppia fenditura è un esempio emblematico delle stranezze e delle meraviglie della meccanica quantistica. Esso non solo dimostra il dualismo onda-particella e la natura probabilistica delle particelle subatomiche, ma ci invita anche a riconsiderare le nostre concezioni intuitive di realtà, misurazione e osservazione. Le implicazioni teoriche e pratiche di questo esperimento continuano a influenzare profondamente la fisica moderna e le tecnologie emergenti, rendendolo una pietra miliare nella nostra comprensione del mondo quantistico.

Effetto Fotoelettrico

L'effetto fotoelettrico è un fenomeno fondamentale nella fisica che ha avuto un impatto significativo sulla nostra comprensione della natura della luce e delle particelle. Descritto per la prima volta da Heinrich Hertz nel 1887 e successivamente spiegato da Albert Einstein nel 1905, l'effetto fotoelettrico ha giocato un ruolo cruciale nello sviluppo della teoria quantistica della luce, contribuendo a rivoluzionare la fisica moderna.

L'effetto fotoelettrico si verifica quando la luce colpisce la superficie di un materiale, generalmente un metallo, e provoca l'emissione di elettroni da quel materiale. Questo fenomeno non poteva essere spiegato adeguatamente dalle teorie ondulatorie classiche della luce, che descrivevano la luce come un'onda elettromagnetica continua. Secondo la teoria classica, l'energia delle onde luminose dovrebbe dipendere solo dall'intensità della luce, e quindi, aumentando l'intensità della luce, si dovrebbe poter rilasciare elettroni con maggiore energia.

Tuttavia, gli esperimenti mostrarono un comportamento diverso: solo la luce con una frequenza superiore a una certa soglia poteva causare l'emissione di elettroni, indipendentemente dall'intensità della luce. Inoltre, l'energia degli elettroni emessi dipendeva dalla frequenza della luce, non dalla sua intensità. Questo risultato era in netto contrasto con le previsioni della teoria ondulatoria classica.

Albert Einstein propose una spiegazione rivoluzionaria per l'effetto fotoelettrico, basata sull'idea che la luce è quantizzata in particelle discrete chiamate fotoni. Secondo Einstein, ogni fotone possiede un'energia EEE proporzionale alla frequenza della luce v\nuv, descritta dalla formula E=hvE = h\nuE=hv, dove hhh è la costante di Planck. Quando un fotone colpisce un elettrone in un materiale, esso trasferisce tutta la sua energia all'elettrone. Se l'energia del fotone è sufficiente a superare la funzione lavoro del materiale, che è l'energia necessaria per liberare un elettrone dalla superficie, l'elettrone viene emesso. Se la frequenza della luce è troppo bassa, l'energia del fotone non sarà sufficiente per liberare l'elettrone, indipendentemente dall'intensità della luce.

Questa spiegazione risolse le anomalie osservate e confermò la quantizzazione dell'energia, un concetto fondamentale della fisica quantistica. Per questo contributo, Einstein ricevette il Premio Nobel per la Fisica nel 1921, sottolineando l'importanza dell'effetto fotoelettrico nella fisica moderna.

L'effetto fotoelettrico ha implicazioni profonde e numerose applicazioni pratiche. Uno degli utilizzi più noti è nelle celle solari, che sfruttano l'effetto fotoelettrico per convertire l'energia della luce solare in elettricità. Quando la luce solare colpisce la superficie delle celle fotovoltaiche, i fotoni trasferiscono la loro energia agli elettroni nel materiale, causando l'emissione di elettroni e generando una corrente elettrica.

L'effetto fotoelettrico è anche alla base del funzionamento dei tubi fotomoltiplicatori e dei sensori di immagine nelle fotocamere digitali e nei dispositivi di visione notturna. Nei tubi fotomoltiplicatori, la luce colpisce una superficie sensibile, liberando elettroni che vengono poi amplificati per creare un segnale elettrico misurabile. Nei sensori di immagine, l'effetto fotoelettrico viene utilizzato per convertire la luce in segnali elettrici che formano un'immagine digitale.

Inoltre, l'effetto fotoelettrico ha avuto un impatto significativo sulla spettroscopia e sull'analisi chimica. Gli spettrometri fotoelettrici utilizzano questo effetto per analizzare la composizione chimica di materiali, rilevando l'energia degli elettroni emessi quando il materiale viene irradiato con luce di diverse frequenze. Questo metodo è utilizzato per studiare la struttura elettronica degli atomi e delle molecole, fornendo informazioni cruciali sulla loro composizione e sulle loro proprietà chimiche.

In conclusione, l'effetto fotoelettrico è un fenomeno fondamentale che ha trasformato la nostra comprensione della luce e delle particelle. La spiegazione di Einstein ha confermato la natura quantistica della luce e ha aperto la strada a numerose applicazioni tecnologiche che hanno avuto un impatto significativo sulla nostra vita quotidiana. L'importanza dell'effetto fotoelettrico nella fisica moderna e nelle tecnologie avanzate continua a essere evidente, rendendolo un concetto essenziale per chiunque voglia comprendere la natura della luce e delle interazioni quantistiche.

Esperimento di Stern-Gerlach

L'esperimento di Stern-Gerlach, condotto per la prima volta nel 1922 dai fisici tedeschi Otto Stern e Walther Gerlach, è uno degli esperimenti più significativi nella storia della fisica quantistica. Questo esperimento ha dimostrato in modo chiaro e inequivocabile la quantizzazione del momento angolare, rivelando la natura intrinsecamente discreta delle proprietà quantistiche delle particelle.

L'esperimento è stato progettato per studiare il comportamento degli atomi di argento in un campo magnetico non uniforme. Gli atomi di argento furono scelti perché hanno un singolo elettrone nel guscio esterno, che conferisce loro un momento angolare di spin ben definito. Il setup sperimentale consisteva in una sorgente di atomi di argento riscaldati che venivano inviati attraverso una serie di fenditure per formare un fascio collimato. Questo fascio veniva quindi diretto attraverso un campo magnetico non uniforme creato da due magneti con poli a forma di cuneo.

Secondo la fisica classica, ci si sarebbe aspettato che gli atomi di argento, che possiedono un momento magnetico dovuto al loro spin, venissero deviati dal campo magnetico in modo continuo, formando una striscia allargata sullo schermo di rilevazione. Tuttavia, i risultati dell'esperimento furono sorprendentemente diversi: il fascio di atomi si divideva in due fasci distinti, formando due macchie separate sullo schermo.

Questa osservazione non poteva essere spiegata dalla fisica classica, ma era in perfetto accordo con le predizioni della meccanica quantistica. Secondo la teoria quantistica, lo spin degli elettroni è quantizzato, il che significa che può assumere solo valori discreti. Per un elettrone, lo spin può essere orientato in due direzioni opposte lungo un asse arbitrario, generalmente indicato come "su" (+1/2) e "giù" (-1/2).

L'esperimento di Stern-Gerlach dimostrò quindi che gli atomi di argento, quando attraversano il campo magnetico non uniforme, vengono deviati in due direzioni corrispondenti ai due possibili stati di spin dell'elettrone. Questa deviazione quantizzata fornì una prova diretta della quantizzazione del momento angolare e della natura discreta delle proprietà quantistiche delle particelle.

I risultati dell'esperimento di Stern-Gerlach hanno avuto profonde implicazioni per lo sviluppo della meccanica quantistica. Questo esperimento fornì una delle prime conferme sperimentali del principio di quantizzazione e dimostrò l'esistenza di proprietà quantistiche intrinseche che non hanno un analogo classico. La scoperta della quantizzazione del momento angolare di spin ha portato a ulteriori sviluppi nella teoria quantistica, influenzando la formulazione della teoria dei quanti di spin e il modello atomico.

L'esperimento di Stern-Gerlach ha anche giocato un ruolo cruciale nello sviluppo della teoria dei quanti di spin, un concetto fondamentale che descrive la proprietà intrinseca degli elettroni e di altre particelle subatomiche. La comprensione dello spin è essenziale per spiegare una vasta gamma di fenomeni quantistici, tra cui il comportamento degli elettroni negli atomi, le proprietà magnetiche dei materiali e le interazioni fondamentali tra particelle.

Inoltre, l'esperimento di Stern-Gerlach ha avuto importanti applicazioni tecnologiche. Il concetto di spin quantizzato è alla base di tecnologie moderne come la risonanza magnetica nucleare (NMR) e l'imaging a risonanza magnetica (MRI), che utilizzano le proprietà dello spin nucleare per ottenere immagini dettagliate del corpo umano e per studiare le proprietà molecolari dei materiali. Queste tecnologie hanno rivoluzionato la medicina diagnostica e la ricerca scientifica, dimostrando l'importanza pratica delle scoperte teoriche nella meccanica quantistica.

In conclusione, l'esperimento di Stern-Gerlach è un pilastro della fisica quantistica, che ha dimostrato la quantizzazione del momento angolare e ha fornito prove sperimentali cruciali per lo sviluppo della teoria dei quanti di spin. I risultati di questo esperimento hanno rivoluzionato la nostra comprensione delle proprietà quantistiche delle particelle e hanno avuto un impatto duraturo sulla fisica e sulle tecnologie moderne. La sua importanza continua a essere evidente nei progressi della fisica e nelle applicazioni pratiche che influenzano la nostra vita quotidiana.

Esperimento EPR

L'esperimento EPR, proposto da Albert Einstein, Boris Podolsky e Nathan Rosen nel 1935, è uno dei più celebri e dibattuti esperimenti mentali nella storia della fisica. L'acronimo EPR deriva dalle iniziali dei cognomi degli scienziati, e il loro lavoro ha sollevato questioni fondamentali sulla natura della realtà e della meccanica quantistica, portando al concetto di entanglement e alla discussione sulla non-località.

L'intento originale dell'esperimento EPR era dimostrare che la meccanica quantistica era una teoria incompleta. Einstein, Podolsky e Rosen si opposero all'interpretazione di Copenaghen della meccanica quantistica, sostenuta da Niels Bohr e Werner Heisenberg, che descriveva un universo intrinsecamente probabilistico e indeterministico. Secondo EPR, doveva esistere una teoria più completa, con variabili nascoste, che potesse spiegare il comportamento delle particelle in modo deterministico.

L'esperimento mentale di EPR considerava una coppia di particelle entangled, ossia due particelle che sono state create in un unico processo quantistico e che rimangono correlate indipendentemente dalla distanza che le separa. Secondo la meccanica quantistica, lo stato di ciascuna particella non può essere descritto indipendentemente dall'altra; le particelle condividono uno stato quantico comune. Per esempio, se misuriamo una proprietà come lo spin o la polarizzazione di una delle particelle, il risultato della misura determinerà istantaneamente lo stato della seconda particella, anche se questa si trova a una distanza considerevole.

EPR sostennero che questo fenomeno, noto come entanglement, implicava una "azione spettrale a distanza", che sembrava violare il principio di località della relatività, secondo cui nessuna informazione può viaggiare più velocemente della luce. Secondo EPR, questa non-località suggeriva che la meccanica quantistica doveva essere incompleta e che esistevano variabili nascoste che determinavano i risultati delle misurazioni, mantenendo il determinismo e la località.

La discussione sulla non-località e l'entanglement rimase principalmente filosofica fino agli anni '60, quando il fisico John Bell formulò le disuguaglianze di Bell. Queste disuguaglianze fornivano un modo per testare sperimentalmente le predizioni della meccanica quantistica contro quelle delle teorie a variabili nascoste locali. Se le disuguaglianze di Bell fossero state violate, ciò avrebbe significato che la meccanica quantistica, con la sua non-località intrinseca, era corretta.

Negli anni '80, Alain Aspect e il suo team condussero una serie di esperimenti che testavano le disuguaglianze di Bell utilizzando coppie di fotoni entangled. I risultati degli esperimenti di Aspect mostrarono chiaramente una violazione delle disuguaglianze di Bell, confermando le predizioni della meccanica quantistica e dimostrando che l'entanglement comporta effettivamente una forma di non-località.

Questi esperimenti hanno avuto profonde implicazioni per la nostra comprensione della realtà. Essi suggeriscono che il mondo quantistico è intrinsecamente connesso in modi che sfidano le intuizioni classiche di separabilità e indipendenza. L'entanglement quantistico implica che le particelle possono influenzarsi istantaneamente a distanza, una caratteristica che non ha paralleli nella fisica classica.

L'entanglement non è solo un concetto teorico, ma ha applicazioni pratiche significative. È alla base della crittografia quantistica, che utilizza coppie di particelle entangled per creare chiavi crittografiche sicure. Questo metodo offre una sicurezza incondizionata, poiché qualsiasi tentativo di intercettare la chiave crittografica altera lo stato delle particelle entangled, rivelando la presenza di un intruso.

Inoltre, l'entanglement è cruciale per il calcolo quantistico. I computer quantistici sfruttano qubit entangled per eseguire calcoli complessi in parallelo, offrendo potenzialmente un potere di calcolo esponenzialmente maggiore rispetto ai computer classici per determinati problemi. L'entanglement permette ai qubit di esplorare simultaneamente molteplici stati, accelerando la soluzione di problemi complessi come la fattorizzazione di grandi numeri o la simulazione di sistemi quantistici.

In conclusione, l'esperimento EPR e le successive verifiche sperimentali hanno trasformato la nostra comprensione della meccanica quantistica e della natura della realtà. L'entanglement e la non-località sono diventati concetti fondamentali, sfidando le intuizioni classiche e aprendo nuove frontiere nella tecnologia e nella filosofia della scienza. Le scoperte derivanti dall'entanglement continuano a influenzare la ricerca scientifica e a ispirare nuove applicazioni, rendendo l'esperimento EPR una pietra miliare nella storia della fisica.

Bell's Theorem

Il teorema di Bell, formulato dal fisico nordirlandese John Bell nel 1964, è una delle scoperte più profonde e significative nella fisica quantistica. Questo teorema ha permesso di mettere alla prova sperimentalmente le predizioni della meccanica quantistica contro quelle delle teorie a variabili nascoste locali, affrontando direttamente il concetto di entanglement e la non-località. Le implicazioni del teorema di Bell hanno trasformato la nostra comprensione della natura della realtà e hanno aperto nuove frontiere nella fisica e nella tecnologia.

Il teorema di Bell parte dall'ipotesi che esistano variabili nascoste che determinano in modo completo il comportamento delle particelle, in linea con il pensiero di Albert Einstein, Boris Podolsky e Nathan Rosen nel loro famoso paradosso EPR. Einstein credeva che la meccanica quantistica fosse una teoria incompleta e che una teoria più fondamentale avrebbe ripristinato il determinismo e la località. Tuttavia, il teorema di Bell dimostra matematicamente che nessuna teoria a variabili nascoste locali può riprodurre tutte le predizioni della meccanica quantistica.

Bell derivò una serie di disuguaglianze, note come disuguaglianze di Bell, che devono essere soddisfatte da qualsiasi teoria a variabili nascoste locali. Se le predizioni della meccanica quantistica violano queste disuguaglianze, ciò implicherebbe che le variabili nascoste locali non possono spiegare completamente il comportamento delle particelle entangled, confermando la non-località quantistica.

Negli anni '70 e '80, una serie di esperimenti cruciali fu condotta per testare le disuguaglianze di Bell. Tra i più significativi vi sono gli esperimenti di Alain Aspect e il suo team nel 1982. Aspect utilizzò coppie di fotoni entangled e misurò le loro polarizzazioni con rivelatori situati a una distanza significativa l'uno dall'altro. I risultati mostrarono una chiara violazione delle disuguaglianze di Bell, confermando le predizioni della meccanica quantistica e dimostrando che le particelle entangled condividono una connessione istantanea che non può essere spiegata dalle teorie classiche a variabili nascoste.

Questi risultati hanno implicazioni profonde per la nostra comprensione della realtà. Innanzitutto, la violazione delle disuguaglianze di Bell implica che la natura è intrinsecamente non-locale, ovvero che le particelle possono influenzarsi reciprocamente a distanza senza un mediatore che rispetti il limite della velocità della luce. Questo fenomeno sfida il principio di località della teoria della relatività e suggerisce una connessione più profonda e misteriosa tra le particelle quantistiche.

Inoltre, il teorema di Bell e le sue verifiche sperimentali hanno avuto un impatto significativo sullo sviluppo della tecnologia quantistica. Ad esempio, la crittografia quantistica sfrutta l'entanglement per creare chiavi crittografiche sicure. In un sistema di crittografia quantistica, qualsiasi tentativo di intercettare la chiave altera lo stato delle particelle entangled, rendendo l'intrusione facilmente rilevabile. Questo offre una sicurezza incondizionata, superiore a quella dei sistemi di crittografia classica.

Un altro campo influenzato dalle implicazioni del teorema di Bell è il calcolo quantistico. I computer quantistici utilizzano qubit entangled per eseguire calcoli complessi in parallelo, sfruttando la non-località per esplorare simultaneamente molteplici stati quantistici. Questo permette ai computer quantistici di risolvere problemi che sarebbero intrattabili per i computer classici, come la fattorizzazione di grandi numeri e la simulazione di sistemi quantistici.

La violazione delle disuguaglianze di Bell ha anche stimolato nuove ricerche nella fisica fondamentale, portando a sviluppi teorici come l'interpretazione a molti mondi di Hugh Everett e le teorie dell'informazione quantistica. Queste ricerche continuano a esplorare le conseguenze della non-località e dell'entanglement, cercando di comprendere meglio la struttura profonda della realtà quantistica.

In conclusione, il teorema di Bell e le sue verifiche sperimentali hanno rivoluzionato la nostra comprensione della meccanica quantistica e della natura della realtà. La dimostrazione della non-località quantistica sfida le intuizioni classiche e apre nuove possibilità per la tecnologia quantistica e la ricerca fondamentale. Le implicazioni del teorema di Bell continuano a ispirare fisici e ingegneri, rendendolo una pietra miliare nella storia della scienza moderna.

L'esperimento di Aspect

L'esperimento di Alain Aspect, condotto nei primi anni '80, è uno degli esperimenti più significativi e rivoluzionari nella fisica quantistica. Questo esperimento fornì una conferma sperimentale decisiva dell'entanglement quantistico, un fenomeno che Albert Einstein aveva descritto come "azione spettrale a distanza". Gli esperimenti di Aspect dimostrarono inequivocabilmente che la meccanica quantistica, con tutte le sue stranezze e implicazioni non locali, descrive accuratamente il comportamento delle particelle entangled.

L'entanglement quantistico si verifica quando due o più particelle vengono create in uno stato quantistico comune, tale che le proprietà di ciascuna particella non possono essere descritte indipendentemente dalle altre. Anche se le particelle entangled vengono separate da grandi distanze, misurare lo stato di una particella determina istantaneamente lo stato dell'altra, senza che vi sia alcuna comunicazione tra loro. Questo fenomeno sfida il principio di località della relatività, che afferma che nessuna informazione può viaggiare più veloce della luce.

L'esperimento di Aspect fu progettato per testare le disuguaglianze di Bell, formulate da John Bell nel 1964. Queste disuguaglianze offrono un modo per distinguere tra le predizioni della meccanica quantistica e quelle delle teorie a variabili nascoste locali, che cercavano di mantenere un quadro deterministico e locale della realtà. Se le disuguaglianze di Bell fossero violate, ciò implicherebbe che le teorie a variabili nascoste locali non possono spiegare i risultati sperimentali, confermando così la non-località della meccanica quantistica.

Aspect e il suo team condussero una serie di esperimenti presso l'Institut d'Optique in Francia. Utilizzarono coppie di fotoni entangled generate attraverso il processo di emissione parametrica spontanea, inviando questi fotoni a due rilevatori separati. Ogni rilevatore misurava la polarizzazione dei fotoni in diverse direzioni, scelte in modo casuale e indipendente per ogni rilevatore. La chiave del successo dell'esperimento di Aspect fu la capacità di cambiare le direzioni di polarizzazione in tempi estremamente brevi, più brevi del tempo impiegato dalla luce per viaggiare tra i rilevatori, eliminando così ogni possibilità di comunicazione tra di essi.

I risultati degli esperimenti di Aspect mostrarono una chiara violazione delle disuguaglianze di Bell. Le correlazioni osservate tra le misurazioni di polarizzazione dei fotoni erano molto più forti di quanto previsto dalle teorie a variabili nascoste locali. Questi risultati confermarono le predizioni della meccanica quantistica e dimostrarono che l'entanglement quantistico è un fenomeno reale.

La conferma sperimentale dell'entanglement ha avuto profonde implicazioni per la nostra comprensione della realtà e per lo sviluppo di nuove tecnologie. In primo luogo, ha consolidato l'idea che il mondo quantistico è intrinsecamente non locale, con particelle che possono influenzarsi istantaneamente a distanza. Questo risultato sfida le intuizioni classiche e ha aperto nuove strade nella ricerca sulla natura della realtà e sull'informazione quantistica.

L'entanglement è anche alla base di molte tecnologie emergenti. Ad esempio, la crittografia quantistica utilizza coppie di particelle entangled per creare chiavi crittografiche sicure. In un sistema di crittografia quantistica, qualsiasi tentativo di intercettare la chiave altera lo stato delle particelle entangled, rendendo l'intrusione rilevabile e garantendo la sicurezza delle comunicazioni.

Il calcolo quantistico è un altro campo che beneficia dell'entanglement. I computer quantistici utilizzano qubit entangled per eseguire calcoli complessi in parallelo, sfruttando la non-località per esplorare simultaneamente molteplici stati quantistici. Questo permette ai computer quantistici di risolvere problemi che sarebbero intrattabili per i computer classici, come la fattorizzazione di grandi numeri e la simulazione di sistemi molecolari complessi.

Infine, la conferma dell'entanglement ha stimolato ulteriori ricerche teoriche e sperimentali, portando a nuove scoperte nella fisica quantistica e nella teoria dell'informazione quantistica. Gli esperimenti di Aspect e le successive ricerche hanno consolidato l'entanglement come un concetto fondamentale nella fisica moderna, influenzando profondamente la nostra comprensione dell'universo.

In conclusione, l'esperimento di Aspect ha fornito una conferma sperimentale decisiva dell'entanglement quantistico, dimostrando la validità della meccanica quantistica e la realtà della non-località. Questo esperimento ha avuto un impatto duraturo sulla fisica e sulle tecnologie moderne, aprendo nuove frontiere nella ricerca scientifica e nello sviluppo tecnologico. Le implicazioni dell'entanglement continuano a ispirare nuove scoperte e innovazioni, rendendo l'esperimento di Aspect una pietra miliare nella storia della scienza.

Capitolo 7

La Meccanica Quantistica e i Buchi Neri

Teoria dei Buchi Neri

La teoria dei buchi neri è una delle più affascinanti e misteriose della fisica moderna, combinando elementi della relatività generale e della fisica quantistica per descrivere alcuni degli oggetti più estremi e enigmatici dell'universo. I buchi neri sono regioni dello spazio-tempo in cui la gravità è così intensa che nulla, nemmeno la luce, può sfuggirvi. Questo capitolo introdurrà i concetti fondamentali dei buchi neri, esplorando la loro formazione, struttura e significato cosmologico.

Il concetto di un oggetto con una gravità così forte da intrappolare anche la luce fu originariamente proposto nel XVIII secolo dal geologo e astronomo John Michell e dal matematico Pierre-Simon Laplace. Tuttavia, la moderna teoria dei buchi neri emerse con lo sviluppo della teoria della relatività generale di Albert Einstein nel 1915. La relatività generale descrive la gravità non come una forza, ma come una curvatura dello spazio-tempo causata dalla massa e dall'energia.

Poco dopo la pubblicazione della teoria di Einstein, il fisico tedesco Karl Schwarzschild trovò una soluzione esatta alle equazioni di campo di Einstein che descriveva un oggetto sferico non rotante con una massa concentrata in un punto centrale. Questa soluzione, oggi nota come buco nero di Schwarzschild, prevede l'esistenza di un raggio critico, chiamato raggio di Schwarzschild, oltre il quale la gravità diventa così forte che nulla può sfuggire. La superficie sferica definita da questo raggio è conosciuta come l'orizzonte degli eventi, il punto di non ritorno per qualsiasi oggetto che vi entri.

I buchi neri possono formarsi in vari modi, ma il processo più comune è attraverso il collasso gravitazionale di stelle massicce. Quando una stella esaurisce il combustibile nucleare nel suo nucleo, non può più sostenere la pressione necessaria per contrastare la gravità. Se la massa rimanente della stella è sufficientemente grande, il nucleo collassa in un buco nero. Questo processo porta alla formazione di un buco nero stellare, che ha una massa tipicamente tra poche e decine di masse solari.

Esistono anche buchi neri supermassicci, con masse che variano da milioni a miliardi di volte la massa del Sole. Questi giganti si trovano al centro della maggior parte delle galassie, inclusa la Via Lattea. La formazione dei buchi neri supermassicci è ancora oggetto di ricerca e dibattito, ma si pensa che possano crescere attraverso la fusione di buchi neri più piccoli e l'accrescimento di materia circostante.

Un altro tipo di buco nero teorico è il buco nero primordiale, che si sarebbe formato nei primi momenti dell'universo a causa delle fluttuazioni di densità estremamente elevate. Questi buchi neri potrebbero avere una vasta gamma di masse, da piccole frazioni di massa solare a masse enormi. La loro esistenza non è ancora stata confermata, ma potrebbero offrire indizi preziosi sull'origine e l'evoluzione dell'universo.

La struttura di un buco nero è tanto semplice quanto enigmatica. Al centro di un buco nero si trova la singolarità, un punto di densità infinita dove le leggi della fisica come le conosciamo cessano di essere applicabili. Intorno alla singolarità si trova l'orizzonte degli eventi, che segna il confine oltre il quale nessuna informazione può sfuggire. Questa struttura semplice e misteriosa rende i buchi neri oggetti di studio affascinanti per i fisici teorici.

I buchi neri non sono solo curiosità teoriche, ma hanno implicazioni pratiche e osservabili. Possono essere rilevati indirettamente attraverso gli effetti gravitazionali che esercitano sulle stelle e sul gas circostanti. Ad esempio, il buco nero supermassiccio al centro della Via Lattea, noto come Sagittarius A*, è stato identificato osservando il moto delle stelle che orbitano attorno a un punto invisibile con una massa di circa quattro milioni di masse solari.

Recentemente, la collaborazione internazionale Event Horizon Telescope ha prodotto la prima immagine diretta dell'ombra di un buco nero, osservando il buco nero supermassiccio al centro della galassia M87. Questa immagine fornisce una conferma visiva delle predizioni teoriche della relatività generale e rappresenta un traguardo storico nella nostra capacità di osservare questi oggetti estremi.

In conclusione, la teoria dei buchi neri offre una finestra unica sulle forze fondamentali dell'universo e sui limiti della nostra conoscenza fisica. I buchi neri sfidano le nostre intuizioni e pongono domande profonde sulla natura della gravità, del tempo e dello spazio. Studiare questi misteriosi oggetti non solo ci aiuta a comprendere meglio l'universo, ma ci avvicina anche a una teoria unificata della fisica che possa descrivere l'intero spettro delle forze naturali.

Radiazione di Hawking

La radiazione di Hawking è uno dei concetti più affascinanti e rivoluzionari della fisica teorica, proposto dal celebre fisico Stephen Hawking nel 1974. Questo fenomeno descrive l'emissione di particelle da parte dei buchi neri, un'idea che ha sfidato le concezioni tradizionali sulla natura di questi oggetti estremi e ha fornito importanti indizi verso una teoria unificata della gravità quantistica.

Tradizionalmente, i buchi neri sono stati considerati come oggetti dai quali nulla può sfuggire, nemmeno la luce. Tuttavia, applicando i principi della meccanica quantistica ai bordi di un buco nero, Hawking scoprì che i buchi neri possono emettere una forma di radiazione, ora nota come radiazione di Hawking. Questo processo avviene vicino all'orizzonte degli eventi, la superficie immaginaria che segna il punto di non ritorno per qualsiasi cosa che si avvicini troppo al buco nero.

La radiazione di Hawking è il risultato di fluttuazioni quantistiche del vuoto. Secondo la meccanica quantistica, lo spazio vuoto non è realmente vuoto ma è permeato da coppie di particelle virtuali che appaiono e scompaiono costantemente. Queste coppie consistono in una particella e la sua antiparticella, che normalmente si annichilano a vicenda poco dopo essere emerse. Tuttavia, se una coppia di particelle virtuali appare vicino all'orizzonte degli eventi di un buco nero, una delle particelle può cadere nel buco nero mentre l'altra sfugge nello spazio. L'energia necessaria per separare queste particelle viene fornita dal buco nero stesso, portando a una diminuzione della sua massa. Questo processo è percepito come l'emissione di radiazione da parte del buco nero.

La scoperta della radiazione di Hawking ha avuto profonde implicazioni per la fisica. Prima di tutto, ha suggerito che i buchi neri non sono completamente neri ma possono perdere massa e energia nel corso del tempo, evaporando gradualmente. In linea teorica, se un buco nero non acquisisce nuova massa, finirà per evaporare completamente, lasciando dietro di sé solo radiazione.

Questa idea ha sollevato importanti questioni sulla conservazione dell'informazione. Secondo la meccanica quantistica, l'informazione non può essere distrutta.

Tuttavia, se un buco nero evapora completamente attraverso la radiazione di Hawking, cosa accade all'informazione contenuta nella materia che è caduta nel buco nero? Questo problema, noto come il paradosso dell'informazione del buco nero, è ancora un tema di intenso dibattito nella fisica teorica e potrebbe portare a nuove scoperte sulla natura fondamentale della realtà.

La radiazione di Hawking è estremamente debole, rendendola molto difficile da rilevare direttamente. I buchi neri astrofisici, come quelli stellari o supermassicci, emettono radiazione di Hawking a una temperatura molto inferiore a quella dello spazio interstellare, rendendo questa radiazione praticamente impossibile da osservare con la tecnologia attuale. Tuttavia, la radiazione di Hawking è un elemento fondamentale nelle teorie dei buchi neri primordiali, che potrebbero essersi formati nell'universo primordiale. Questi buchi neri, di massa molto inferiore, potrebbero emettere radiazione di Hawking a una temperatura più elevata, offrendo potenzialmente un'opportunità per la rilevazione indiretta.

Nonostante le difficoltà sperimentali, ci sono stati tentativi di simulare le condizioni della radiazione di Hawking in laboratorio utilizzando analoghi dei buchi neri. Ad esempio, esperimenti con fluidi superfluidi e onde sonore in materiali specifici hanno creato sistemi analoghi ai buchi neri, che possono offrire intuizioni sulle proprietà della radiazione di Hawking. Sebbene questi esperimenti non siano equivalenti a osservare direttamente la radiazione di un buco nero, possono fornire indizi preziosi sulla validità delle teorie di Hawking.

In conclusione, la radiazione di Hawking rappresenta una delle scoperte più significative della fisica teorica, unendo i principi della meccanica quantistica con la relatività generale. Essa non solo ha trasformato la nostra comprensione dei buchi neri, ma ha anche aperto nuove vie di ricerca sulla natura dell'informazione e della gravità quantistica. Sebbene la radiazione di Hawking non sia stata ancora osservata direttamente, la sua esistenza è ampiamente accettata e continua a ispirare nuove ricerche e teorie che potrebbero rivoluzionare la nostra comprensione dell'universo.

Entropia e Informazione nei Buchi Neri

Il concetto di entropia e informazione nei buchi neri rappresenta una delle frontiere più affascinanti e misteriose della fisica teorica. Questi temi sono strettamente legati alla termodinamica dei buchi neri, un campo che ha subito importanti sviluppi grazie ai lavori di Stephen Hawking e Jacob Bekenstein. Il problema centrale in questo contesto è il paradosso dell'informazione dei buchi neri, che mette in discussione la conservazione dell'informazione nell'universo.

Jacob Bekenstein fu il primo a proporre, all'inizio degli anni '70, che i buchi neri possedessero un'entropia, una misura del disordine o dell'informazione contenuta nel sistema. L'entropia dei buchi neri è proporzionale all'area dell'orizzonte degli eventi, piuttosto che al volume, come ci si aspetterebbe per altri sistemi fisici. Questa intuizione portò Bekenstein a formulare la famosa relazione $S = kA4lp2S =$

$S = \frac{kA}{4l_p^2}$, dove S è l'entropia del buco nero, k è la costante di Boltzmann, A è l'area dell'orizzonte degli eventi e l_p è la lunghezza di Planck. Questa formula rivoluzionò la nostra comprensione della termodinamica applicata ai buchi neri e suggerì che esistono connessioni profonde tra gravità, termodinamica e meccanica quantistica.

Stephen Hawking ampliò ulteriormente questa idea con la sua scoperta della radiazione di Hawking. Come descritto nel capitolo precedente, Hawking dimostrò che i buchi neri possono emettere radiazione a causa di effetti quantistici vicino all'orizzonte degli eventi, portando a una graduale perdita di massa e, in ultima analisi, all'evaporazione del buco nero. La radiazione di Hawking è una radiazione termica, il che implica che i buchi neri hanno una temperatura proporzionale alla loro superficie. Questo rafforzò l'idea che i buchi neri seguano le leggi della termodinamica, inclusa la seconda legge che afferma che l'entropia totale di un sistema isolato non diminuisce mai.

Il paradosso dell'informazione dei buchi neri sorge quando consideriamo la combinazione dell'entropia dei buchi neri e la radiazione di Hawking. Se un buco nero può evaporare completamente attraverso la radiazione di Hawking, cosa accade all'informazione contenuta nella materia che è caduta nel buco nero? La meccanica quantistica afferma che l'informazione non può essere distrutta, ma se un buco nero evapora completamente, sembra che l'informazione venga persa definitivamente, violando un principio fondamentale della fisica quantistica.

Questo paradosso ha generato un intenso dibattito tra i fisici. Alcuni suggeriscono che l'informazione venga conservata in modi non ancora compresi, magari restituendosi all'universo attraverso la radiazione di Hawking in una forma altamente criptata. Questa idea è nota come l'ipotesi di conservazione dell'informazione, e suggerisce che la radiazione di Hawking non sia perfettamente termica ma contenga tracce dell'informazione originaria.

Altri approcci esplorano l'idea che l'orizzonte degli eventi possa non essere una barriera definitiva. Una delle proposte più recenti è quella dei "firewalls", teorizzata da Almheiri, Marolf, Polchinski e Sully (AMPS). Secondo questa ipotesi, ci sarebbe una barriera di radiazione ad altissima energia all'orizzonte degli eventi, che distruggerebbe l'informazione che cerca di attraversarlo, mantenendo così la conservazione dell'informazione in modo diverso.

Un'altra proposta coinvolge la teoria delle stringhe e la congettura di olografia, sviluppata da Gerard 't Hooft e Leonard Susskind. L'olografia suggerisce che l'informazione contenuta in un volume di spazio possa essere descritta completamente dalla sua superficie, un principio che trova applicazione nella descrizione dei buchi neri. Secondo questa teoria, l'informazione contenuta in un buco nero sarebbe conservata non all'interno del volume del buco nero, ma sull'orizzonte degli eventi stesso, in una sorta di "membrana" bidimensionale.

In conclusione, l'entropia e l'informazione nei buchi neri sollevano alcune delle questioni più profonde e fondamentali nella fisica teorica. Il paradosso dell'informazione dei buchi neri sfida la nostra comprensione delle leggi della fisica e potrebbe portare a nuove scoperte che unifichino la relatività generale e la meccanica quantistica. La ricerca continua su questi temi promette di rivelare ulteriori segreti sull'universo e sulla natura fondamentale della realtà.

Microstati dei Buchi Neri

La questione dei microstati dei buchi neri e la loro quantizzazione rappresenta una delle aree più affascinanti e avanzate della fisica teorica. Questa esplorazione nasce dall'esigenza di comprendere come i buchi neri possano avere un'entropia e come questa entropia sia collegata ai microstati quantistici, i dettagli microscopici che costituiscono il sistema.

Il concetto di entropia dei buchi neri, introdotto da Jacob Bekenstein negli anni '70, ha suggerito che i buchi neri devono avere una straordinaria quantità di microstati, ossia configurazioni microscopiche che corrispondono allo stesso stato macroscopico del buco nero. La formula di Bekenstein, che lega l'entropia SSS all'area dell'orizzonte degli eventi AAA attraverso la relazione S=kA4lp2S = \frac{kA}{4l_p^2}S=4lp2kA, implica che l'entropia, e quindi il numero di microstati, cresce proporzionalmente con l'area, piuttosto che con il volume.

La sfida cruciale è capire cosa rappresentano questi microstati a livello quantistico. Una delle teorie più promettenti per affrontare questo problema è la teoria delle stringhe. Invece di considerare le particelle fondamentali come punti, la teoria delle stringhe le descrive come minuscole corde vibranti. Ogni modalità di vibrazione di una stringa corrisponde a una particella diversa, e la teoria delle stringhe unifica tutte le particelle e le forze fondamentali in un quadro coerente.

La teoria delle stringhe ha fornito una profonda intuizione sui microstati dei buchi neri attraverso lo studio dei cosiddetti brane, oggetti multidimensionali che esistono in questa teoria. In particolare, i buchi neri possono essere descritti come configurazioni di brane in interazione. L'entropia di un buco nero, secondo la teoria delle stringhe, può essere calcolata contando i microstati delle brane che costituiscono il buco nero. Questa conta dei microstati ha dato risultati che concordano con la formula di Bekenstein-Hawking per l'entropia dei buchi neri, fornendo una forte conferma della teoria.

Un esempio celebre è il calcolo dell'entropia per i buchi neri estremali, buchi neri con la minima massa possibile per una data carica e rotazione. Usando la teoria delle stringhe, Andrew Strominger e Cumrun Vafa nel 1996 hanno mostrato che l'entropia di questi buchi neri può essere derivata contando i microstati delle brane. Il loro lavoro ha aperto una nuova prospettiva per comprendere la quantizzazione dei buchi neri.

Un altro approccio significativo viene dalla gravità quantistica a loop. In questa teoria, lo spazio-tempo stesso è quantizzato, e l'orizzonte degli eventi di un buco nero è descritto come una rete di spin. Ogni nodo di questa rete corrisponde a un'unità quantizzata di area. Il conteggio delle possibili configurazioni di questa rete fornisce una misura dell'entropia del buco nero. Anche in questo caso, i risultati concordano con la formula di Bekenstein-Hawking, indicando che la quantizzazione dello spazio-tempo può fornire una descrizione coerente dei microstati dei buchi neri.

L'importanza della quantizzazione dei microstati dei buchi neri va oltre la semplice contabilità dell'entropia. Essa fornisce indizi cruciali su come unificare la relatività generale e la meccanica quantistica. La comprensione dei microstati potrebbe risolvere il paradosso dell'informazione dei buchi neri, suggerendo che l'informazione non è realmente persa, ma è codificata nei microstati quantistici del buco nero.

In conclusione, lo studio dei microstati dei buchi neri e la loro quantizzazione è una delle frontiere più entusiasmanti della fisica teorica. Attraverso teorie come la teoria delle stringhe e la gravità quantistica a loop, stiamo iniziando a svelare i segreti dei buchi neri, collegando l'entropia con la struttura microscopica quantistica. Questi progressi non solo ci avvicinano a una comprensione più completa dei buchi neri, ma ci portano anche verso una teoria unificata delle leggi fondamentali della natura, offrendo nuove prospettive sulla struttura profonda dell'universo.

Gravità Quantistica a Loop

La gravità quantistica a loop (LQG) è una delle teorie più promettenti per unificare la meccanica quantistica e la relatività generale, due pilastri fondamentali della fisica moderna che, nonostante i loro successi individuali, hanno finora resistito a una fusione coerente. La LQG offre una descrizione innovativa dello spazio-tempo, postulando che esso sia costituito da unità discrete e quantizzate, piuttosto che essere una continua arena di eventi. Questo approccio radicale rappresenta una delle principali strade di ricerca nella fisica teorica, affiancandosi alla teoria delle stringhe nel tentativo di costruire una teoria quantistica della gravità.

La LQG nasce dalla relatività generale di Einstein, che descrive la gravità come una curvatura dello spazio-tempo causata dalla massa e dall'energia. Tuttavia, mentre la relatività generale tratta lo spazio-tempo come un'entità continua, la meccanica quantistica suggerisce che, a scale microscopiche, la natura possa essere quantizzata. La LQG cerca di combinare questi due punti di vista, proponendo che lo spazio-tempo stesso sia composto da "atomi" di spazio, quantizzati attraverso una struttura reticolare.

La base matematica della LQG è la teoria dei campi quantistici, ma invece di applicarla alle particelle, viene applicata direttamente alla geometria dello spazio-tempo. Questo è fatto utilizzando variabili di Ashtekar, che trasformano le equazioni della relatività generale in una forma simile a quelle utilizzate nella teoria dei campi. Le variabili di Ashtekar descrivono lo spazio-tempo in termini di connessioni e densità di flusso, che possono essere quantizzate in modo analogo ai campi elettromagnetici.

Uno degli aspetti più distintivi della LQG è l'uso dei cosiddetti "loop" o anelli, che rappresentano linee di flusso quantizzate del campo gravitazionale. Questi loop formano una rete, chiamata "rete di spin", che descrive la struttura quantizzata dello spazio-tempo. Ogni nodo e collegamento nella rete di spin corrisponde a unità discrete di area e volume, suggerendo che lo spazio-tempo sia fatto di quanti fondamentali, analoghi agli atomi della materia.

Un risultato notevole della LQG è la quantizzazione dell'area e del volume, che implica che esistono unità minime e indivisibili di spazio. Questo ha importanti conseguenze per la comprensione dei buchi neri. In particolare, la LQG fornisce una descrizione dettagliata dell'orizzonte degli eventi di un buco nero come una superficie quantizzata composta da unità discrete di area. Questo permette di calcolare l'entropia dei buchi neri, confermando la formula di Bekenstein-Hawking e offrendo una spiegazione quantistica per l'origine dell'entropia.

La LQG ha anche implicazioni per la cosmologia quantistica. Essa suggerisce che il Big Bang possa essere sostituito da un "Big Bounce", un rimbalzo quantistico che evita la singolarità iniziale prevista dalla relatività generale. Questo scenario implica che l'universo potrebbe passare attraverso cicli di espansione e contrazione, offrendo una nuova prospettiva sull'origine e l'evoluzione del cosmo.

Nonostante i suoi successi teorici, la LQG è ancora in fase di sviluppo e affronta sfide significative. Una delle principali sfide è la formulazione di predizioni sperimentali che possano essere testate con la tecnologia attuale. Mentre la LQG offre una descrizione coerente e matematicamente rigorosa dello spazio-tempo quantizzato, la verifica sperimentale di queste idee rimane un obiettivo futuro. Tuttavia, ci sono speranze che fenomeni come le onde gravitazionali o le osservazioni cosmologiche possano fornire indizi indiretti a sostegno della teoria.

In conclusione, la gravità quantistica a loop rappresenta un approccio innovativo e promettente per unificare la meccanica quantistica e la relatività generale. Proponendo che lo spazio-tempo sia costituito da unità discrete e quantizzate, la LQG offre una nuova visione della struttura fondamentale dell'universo. Sebbene la teoria sia ancora in evoluzione e richieda ulteriori verifiche sperimentali, essa ha già fornito intuizioni preziose sulla natura dei buchi neri, sull'entropia e sulla cosmologia quantistica, avvicinandoci sempre più a una comprensione unificata delle leggi fondamentali della natura.

Teoria delle Stringhe

La teoria delle stringhe è una delle più ambiziose e promettenti teorie in fisica teorica, cercando di unificare tutte le forze fondamentali della natura, inclusa la gravità, in un unico quadro coerente. Invece di considerare le particelle elementari come punti senza dimensioni, la teoria delle stringhe le descrive come minuscole corde vibranti. Le diverse modalità di vibrazione di queste corde corrispondono alle diverse particelle fondamentali. Questa teoria ha trovato applicazioni particolarmente interessanti nello studio dei buchi neri, offrendo nuove intuizioni sulla loro natura e risolvendo alcuni dei paradossi più profondi della fisica.

Uno degli aspetti più affascinanti della teoria delle stringhe è la sua capacità di descrivere i buchi neri in termini di oggetti chiamati "brane". Le brane sono estensioni multidimensionali che possono essere considerate come superfici su cui le stringhe aperte possono terminare. Nella teoria delle stringhe, i buchi neri possono essere modellati come configurazioni di queste brane in interazione. Questa rappresentazione ha permesso di calcolare l'entropia dei buchi neri in modo coerente con la formula di Bekenstein-Hawking, risolvendo uno dei grandi misteri della fisica teorica.

Nel 1996, Andrew Strominger e Cumrun Vafa fecero un passo avanti significativo in questa direzione. Utilizzando la teoria delle stringhe, essi calcolarono l'entropia di un particolare tipo di buco nero chiamato buco nero estremale, che ha la minima massa possibile per una data carica e rotazione. Strominger e Vafa dimostrarono che l'entropia di questi buchi neri poteva essere spiegata contando i microstati delle brane che compongono il buco nero. Il loro risultato era in accordo perfetto con la formula di Bekenstein-Hawking, fornendo una forte conferma della teoria delle stringhe come descrizione valida dei buchi neri.

La teoria delle stringhe ha anche affrontato il paradosso dell'informazione dei buchi neri, un problema che ha tormentato i fisici per decenni. Il paradosso sorge quando si considera la radiazione di Hawking, che prevede che i buchi neri possano evaporare emettendo radiazione termica. Se un buco nero evapora completamente, sembra che l'informazione contenuta nella materia che è caduta nel buco nero venga distrutta, violando i principi della meccanica quantistica che affermano che l'informazione non può essere distrutta.

La teoria delle stringhe suggerisce che l'informazione non viene effettivamente persa, ma è conservata in modi non ancora completamente compresi. Un'idea è che l'informazione possa essere codificata nelle vibrazioni delle stringhe o nelle configurazioni delle brane all'interno del buco nero. Un'altra proposta è la corrispondenza AdS/CFT, una congettura formulata da Juan Maldacena nel

1997. Questa congettura propone una dualità tra una teoria della gravità in uno spazio a dimensione superiore (AdS) e una teoria dei campi senza gravità su un bordo a dimensione inferiore (CFT). Secondo questa dualità, l'informazione contenuta in un buco nero potrebbe essere completamente descritta dalla teoria dei campi sul bordo, risolvendo così il paradosso dell'informazione.

Le applicazioni della teoria delle stringhe ai buchi neri non si limitano alla risoluzione dei paradossi teorici. Essa offre anche nuovi strumenti per studiare le proprietà dinamiche dei buchi neri. Ad esempio, le tecniche sviluppate nella teoria delle stringhe sono state utilizzate per comprendere meglio la formazione e la stabilità dei buchi neri, nonché i processi di fusione dei buchi neri, che sono stati osservati recentemente attraverso le onde gravitazionali.

Inoltre, la teoria delle stringhe ha fornito nuove intuizioni sulla struttura interna dei buchi neri. Secondo alcune interpretazioni, i buchi neri potrebbero non contenere singolarità classiche, dove la densità diventa infinita, ma potrebbero essere descritti da strutture più complesse e regolari all'interno del contesto della teoria delle stringhe.

In conclusione, la teoria delle stringhe ha aperto nuove prospettive nello studio dei buchi neri, offrendo soluzioni a problemi fondamentali e fornendo una descrizione quantistica coerente di questi misteriosi oggetti. Attraverso la descrizione dei buchi neri in termini di brane e la risoluzione del paradosso dell'informazione, la teoria delle stringhe continua a essere una delle strade più promettenti per unificare le leggi della fisica e comprendere la natura più profonda dell'universo. Le sue applicazioni ai buchi neri dimostrano il potere della teoria delle stringhe nel fornire risposte a domande che hanno sfidato i fisici per decenni e nel guidare nuove scoperte nella fisica teorica.

Capitolo 8
I Segreti dell'Universo

Big Bang e Origine dell'Universo

Il capitolo dedicato al Big Bang e all'origine dell'universo è uno dei più affascinanti e profondi della cosmologia moderna. La teoria del Big Bang è la spiegazione scientifica dominante su come è iniziato il nostro universo, e continua a essere oggetto di intense ricerche e dibattiti. Questo capitolo esplora le teorie attuali e le evidenze che supportano l'idea che l'universo abbia avuto un inizio estremamente caldo e denso circa 13,8 miliardi di anni fa.

La teoria del Big Bang è stata formulata per la prima volta negli anni '20 del XX secolo da Georges Lemaître, un sacerdote e fisico belga, e da Alexander Friedmann, un matematico russo. Essi utilizzarono le equazioni della relatività generale di Albert Einstein per mostrare che l'universo è in espansione. Questa idea rivoluzionaria fu ulteriormente supportata dalle osservazioni di Edwin Hubble negli anni '20, che dimostrò che le galassie si stanno allontanando l'una dall'altra, implicando che l'universo si sta espandendo.

Il termine "Big Bang" fu coniato in modo scherzoso dall'astronomo Fred Hoyle durante una trasmissione radiofonica negli anni '50. Ironia della sorte, Hoyle era uno dei principali oppositori della teoria, sostenendo invece il modello dello stato stazionario, che proponeva un universo eterno senza un inizio o una fine. Tuttavia, una serie di osservazioni ha consolidato la teoria del Big Bang come il modello più accurato per descrivere l'origine e l'evoluzione dell'universo.

Una delle prove più significative a sostegno del Big Bang è la radiazione cosmica di fondo a microonde (CMB), scoperta accidentalmente da Arno Penzias e Robert Wilson nel 1965. La CMB è una radiazione debolissima che permea tutto l'universo e rappresenta il residuo del calore del Big Bang. Essa fornisce una "fotografia" dell'universo quando aveva solo

380.000 anni, rivelando un quadro straordinariamente uniforme ma con piccole fluttuazioni che hanno dato origine alle strutture cosmiche che osserviamo oggi, come galassie e ammassi di galassie.

Un'altra linea di evidenza è la nucleosintesi primordiale, che si riferisce alla formazione dei primi nuclei atomici nei primi minuti dopo il Big Bang. Le abbondanze relative di elementi leggeri, come idrogeno, elio e litio, osservate nell'universo attuale, concordano perfettamente con le predizioni fatte dalla teoria del Big Bang.

La teoria del Big Bang ha anche beneficiato di recenti osservazioni di supernovae lontane, che hanno permesso di misurare l'espansione dell'universo con grande precisione. Questi studi hanno portato alla scoperta che l'espansione dell'universo sta accelerando, un risultato sorprendente che ha implicato l'esistenza di una forma misteriosa di energia chiamata energia oscura. L'energia oscura costituisce circa il 70% del contenuto energetico dell'universo e rimane uno dei più grandi enigmi della cosmologia moderna.

Nonostante il successo della teoria del Big Bang, ci sono ancora molte domande aperte. Una di queste riguarda ciò che è successo nei primissimi istanti dopo il Big Bang, noti come l'era di Planck, che va da zero a circa 10^{-43} secondi. In questo intervallo di tempo, gli effetti quantistici della gravità diventano importanti e le nostre attuali teorie non sono in grado di descrivere adeguatamente le condizioni dell'universo.

Per affrontare queste sfide, i fisici stanno esplorando nuove teorie, come la gravità quantistica a loop e la teoria delle stringhe, che cercano di unificare la meccanica quantistica con la relatività generale. Un'altra proposta è l'inflazione cosmica, una teoria suggerita da Alan Guth nei primi anni '80, che postula che l'universo ha attraversato una fase di espansione estremamente rapida poco dopo il Big Bang. L'inflazione spiegherebbe l'uniformità della CMB e la distribuzione delle galassie su grande scala, risolvendo alcuni dei problemi iniziali della teoria del Big Bang.

Inoltre, alcune teorie speculative come l'universo ciclico, proposto da Paul Steinhardt e Neil Turok, suggeriscono che il Big Bang potrebbe non essere stato l'inizio assoluto, ma parte di un ciclo infinito di espansioni e contrazioni.

In conclusione, la teoria del Big Bang rimane il quadro dominante per comprendere l'origine e l'evoluzione dell'universo, supportata da solide evidenze osservazionali. Tuttavia, la ricerca continua a esplorare nuovi fronti per rispondere alle domande ancora irrisolte e per migliorare la nostra comprensione del cosmo. Con ogni nuova scoperta, ci avviciniamo a una visione più completa e dettagliata dell'universo e del suo misterioso inizio.

Materia Oscura e Energia Oscura

La materia oscura e l'energia oscura sono due dei più grandi misteri della cosmologia moderna, rappresentando rispettivamente circa il 27% e il 68% del contenuto energetico totale dell'universo. Nonostante costituiscano la stragrande maggioranza del cosmo, questi componenti rimangono elusivi e non sono stati ancora osservati direttamente. Questo capitolo esplora le prove della loro esistenza e le teorie attuali che cercano di spiegare queste enigmatiche entità.

La prima evidenza della materia oscura risale agli anni '30, quando l'astronomo svizz

La materia oscura e l'energia oscura sono due dei più grandi misteri della cosmologia moderna, rappresentando rispettivamente circa il 27% e il 68% del contenuto energetico totale dell'universo. Nonostante costituiscano la stragrande maggioranza del cosmo, questi componenti rimangono elusivi e non sono stati ancora osservati direttamente. Questo capitolo esplora le prove della loro esistenza e le teorie attuali che cercano di spiegare queste enigmatiche entità.

La prima evidenza della materia oscura risale agli anni '30, quando l'astronomo svizzero Fritz Zwicky osservò che le galassie all'interno dell'ammasso della Chioma si muovevano troppo velocemente per essere tenute insieme solo dalla gravità della materia visibile. Zwicky ipotizzò la presenza di una "materia oscura" invisibile che forniva la massa aggiuntiva necessaria per mantenere l'ammasso coeso.

Questo concetto fu ulteriormente supportato negli anni '70 da Vera Rubin, che studiò le curve di rotazione delle galassie a spirale. Rubin scoprì che le velocità di rotazione delle stelle nelle galassie non diminuivano con la distanza dal centro, come ci si aspetterebbe se tutta la massa fosse concentrata nella parte centrale visibile. Al contrario, le velocità rimanevano costanti, suggerendo la presenza di una grande quantità di materia invisibile che pervade le galassie.

Le prove della materia oscura non si limitano alle osservazioni galattiche. L'analisi della radiazione cosmica di fondo a microonde (CMB), una forma di radiazione residua dal Big Bang, fornisce un altro forte indizio. Le fluttuazioni di temperatura nella CMB, misurate con grande precisione dai satelliti COBE, WMAP e Planck, indicano che l'universo primordiale conteneva materia che interagiva solo gravitazionalmente, corroborando l'esistenza della materia oscura.

Nonostante queste solide evidenze, la natura della materia oscura rimane sconosciuta. Diverse teorie sono state proposte, tra cui le particelle massicce debolmente interagenti (WIMP) e gli assioni. I WIMP sono particelle ipotetiche che interagiscono solo attraverso la forza gravitazionale e la forza nucleare debole, rendendole difficili da rilevare. Gli assioni sono particelle estremamente leggere che potrebbero spiegare alcune osservazioni astrofisiche anomale. Esperimenti come LUX-ZEPLIN, Xenon1T e l'Osservatorio dell'Assione ADMX stanno cercando di rilevare queste particelle direttamente, ma finora senza successo.

L'energia oscura è un concetto ancora più misterioso. La sua esistenza fu proposta negli anni '90, quando gli astronomi scoprirono che l'espansione dell'universo non stava rallentando, come previsto, ma accelerando. Questa scoperta fu fatta osservando supernovae di tipo Ia, che fungono da "candele standard" per misurare le distanze cosmiche. L'accelerazione dell'espansione suggerisce la presenza di una forza repulsiva che contrasta la gravità, ora chiamata energia oscura.

Una delle teorie principali per spiegare l'energia oscura è la costante cosmologica, introdotta per la prima volta da Einstein nelle sue equazioni della relatività generale come una forza anti-gravitazionale. Sebbene Einstein successivamente abbandonò questa idea, le osservazioni moderne l'hanno riportata in auge come una spiegazione possibile dell'energia oscura. Un'altra teoria è quella del campo di quintessenza, un campo dinamico che cambia nel tempo e nello spazio, offrendo una spiegazione più flessibile rispetto alla costante cosmologica.

Nonostante i progressi teorici, l'energia oscura resta una delle più grandi incognite della cosmologia. Gli esperimenti futuri, come il telescopio spaziale Euclid e il progetto Dark Energy Survey, mirano a fornire dati più dettagliati sull'espansione accelerata dell'universo e potrebbero offrire nuove intuizioni su questa forza misteriosa.

In conclusione, la materia oscura e l'energia oscura rappresentano due dei più grandi enigmi della fisica moderna. Le prove della loro esistenza sono solide, ma la loro natura sfugge ancora alla nostra comprensione. Le ricerche in corso e i futuri esperimenti promettono di gettare nuova luce su queste componenti fondamentali del cosmo, avvicinandoci sempre più a una comprensione completa dell'universo.

Inflazione Cosmica

L'inflazione cosmica è una teoria che ha rivoluzionato la nostra comprensione dell'universo primordiale, proponendo che, subito dopo il Big Bang, l'universo abbia attraversato una fase di espansione estremamente rapida e esponenziale. Questo concetto, introdotto negli anni '80 dal fisico Alan Guth, offre soluzioni eleganti a molti problemi della cosmologia tradizionale e ha ricevuto supporto empirico significativo negli ultimi decenni. Questo capitolo esplora i modelli dell'inflazione cosmica e le prove che ne confermano la validità.

La teoria dell'inflazione è stata sviluppata per risolvere alcune questioni fondamentali lasciate in sospeso dal modello standard del Big Bang. Uno di questi problemi è il problema dell'orizzonte, che si chiede come regioni dell'universo oggi distanti miliardi di anni luce l'una dall'altra possano avere temperature così uniformi, dato che non avrebbero avuto il tempo di scambiarsi informazioni o calore. Un altro problema è il problema della piattezza, che riguarda il fatto che l'universo appare sorprendentemente piatto (euclideo) su larga scala, richiedendo un equilibrio estremamente fine tra energia e densità.

La teoria dell'inflazione risolve questi problemi postulando che l'universo, nei primi istanti dopo il Big Bang, si espanse di un fattore enorme in una frazione di secondo. Questa rapida espansione avrebbe stirato qualsiasi curvatura o ineguaglianza iniziale, portando all'universo piatto e omogeneo che osserviamo oggi. Inoltre, l'inflazione avrebbe ampliato le fluttuazioni quantistiche microscopiche a dimensioni cosmiche, fornendo i semi per la formazione delle galassie e delle strutture cosmiche.

I modelli di inflazione cosmica variano, ma condividono caratteristiche fondamentali. Uno dei modelli più semplici e popolari è il modello di inflazione a singolo campo, in cui un campo scalare, noto come inflatone, domina l'energia dell'universo durante la fase inflazionaria. L'inflatone si trova in uno stato di falso vuoto, una condizione metastabile con un'alta densità di energia. Quando l'inflatone "rotola" verso il suo vero stato di vuoto a bassa energia, rilascia energia che alimenta l'espansione esponenziale dell'universo.

Un altro modello è l'inflazione caotica, proposta da Andrei Linde, in cui l'inflatone può assumere una vasta gamma di valori iniziali. Questo modello predice che l'inflazione può iniziare in molte regioni diverse dell'universo, portando a una struttura a bolle multiple che si espandono indipendentemente. Questa idea ha portato alla speculazione sull'esistenza di un "multiverso", un insieme di universi paralleli con diverse proprietà fisiche.

Le prove a sostegno dell'inflazione cosmica provengono principalmente dalle osservazioni della radiazione cosmica di fondo a microonde (CMB). Le fluttuazioni di temperatura nella CMB, mappate con precisione dai satelliti COBE, WMAP e Planck, mostrano uno spettro di potenza che è in ottimo accordo con le predizioni dell'inflazione. Queste fluttuazioni rappresentano le impronte delle perturbazioni primordiali amplificate durante la fase inflazionaria.

Un altro forte supporto per l'inflazione viene dall'analisi delle strutture su larga scala dell'universo, come la distribuzione delle galassie e degli ammassi galattici. Le osservazioni indicano che queste strutture sono coerenti con le fluttuazioni di densità previste dall'inflazione, che agiscono come semi per la formazione delle galassie attraverso l'attrazione gravitazionale.

Un'ulteriore conferma dell'inflazione potrebbe venire dalla rilevazione delle onde gravitazionali primordiali, increspature nel tessuto dello spazio-tempo generate durante la fase inflazionaria. Queste onde dovrebbero lasciare un segnale distintivo nella polarizzazione della CMB. Esperimenti come BICEP e il progetto di interferometria spaziale LISA stanno cercando di rilevare questo segnale, che fornirebbe una conferma diretta e indipendente dell'inflazione.

Nonostante il successo teorico e osservativo, l'inflazione cosmica non è priva di sfide. Alcuni problemi tecnici, come la stabilità del falso vuoto e il meccanismo esatto di fine dell'inflazione, richiedono ulteriori chiarimenti. Inoltre, la connessione tra l'inflazione e una teoria completa della gravità quantistica, come la teoria delle stringhe o la gravità quantistica a loop, è ancora oggetto di intensa ricerca.

In conclusione, l'inflazione cosmica è una delle teorie più affermate per spiegare l'origine e la struttura dell'universo. I modelli di inflazione risolvono problemi fondamentali del Big Bang e sono supportati da solide prove osservazionali. Con le future scoperte, potremmo ottenere ulteriori conferme di questa teoria, avvicinandoci sempre più a una comprensione completa dell'universo primordiale e delle leggi che governano il cosmo.

Multiverso

Il concetto di multiverso è una delle idee più affascinanti e speculative della fisica moderna.

Esso propone l'esistenza di molteplici universi, ognuno con le proprie leggi fisiche, costanti fondamentali e condizioni iniziali. Questi universi paralleli potrebbero esistere indipendentemente dal nostro, formando un "multiverso" di realtà alternative. Questo capitolo esplora le varie ipotesi e possibilità del multiverso, cercando di comprendere come questa teoria potrebbe rivoluzionare la nostra comprensione del cosmo.

L'idea del multiverso emerge in diversi contesti della fisica teorica e della cosmologia. Uno dei contesti principali è l'inflazione cosmica. Come discusso nel capitolo precedente, l'inflazione propone una fase di espansione esponenziale rapida dell'universo primordiale. Alcuni modelli di inflazione, come l'inflazione caotica proposta da Andrei Linde, suggeriscono che l'inflazione potrebbe avvenire in regioni separate dello spazio-tempo, creando bolle di spazio che si espandono indipendentemente. Ogni bolla potrebbe evolversi in un universo distinto con le proprie caratteristiche fisiche, formando un "multiverso inflazionario".

Un'altra importante teoria che supporta l'idea del multiverso è la teoria delle stringhe. Questa teoria descrive le particelle fondamentali non come punti, ma come minuscole corde vibranti. La teoria delle stringhe richiede l'esistenza di dimensioni extra oltre alle quattro che sperimentiamo quotidianamente (tre spaziali e una temporale). In alcune versioni della teoria delle stringhe, queste dimensioni extra possono essere compatte e arrotolate in modi complessi, dando origine a diverse configurazioni di spazio-tempo. Ogni configurazione potrebbe corrispondere a un universo distinto con differenti leggi fisiche e costanti fondamentali.

Il multiverso trova anche supporto nell'interpretazione a molti mondi della meccanica quantistica, proposta da Hugh Everett negli anni '50. Secondo questa interpretazione, ogni evento quantistico che può avere esiti diversi causa la biforcazione della realtà in più rami, ciascuno corrispondente a un esito possibile. Questo significa che, a ogni istante, l'universo si divide in molteplici versioni, formando un multiverso quantistico. Ogni ramo rappresenta un universo parallelo dove le varie possibilità quantistiche si realizzano.

Le prove a sostegno del multiverso sono per lo più indirette e speculative. Ad esempio, l'osservazione delle costanti fondamentali dell'universo, come la velocità della luce o la costante gravitazionale, suggerisce che queste potrebbero assumere valori diversi in universi paralleli. Alcuni fisici ritengono che la "fortuna" delle condizioni che permettono la vita nel nostro universo potrebbe essere spiegata dal multiverso: in un numero infinito di universi, uno o più potrebbero avere le condizioni giuste per la vita, e noi ci troviamo in uno di essi.

Un'altra possibile prova indiretta del multiverso potrebbe venire dalle anomalie nella radiazione cosmica di fondo a microonde (CMB). Alcuni ricercatori hanno ipotizzato che collisioni tra il nostro universo e altri universi bolla potrebbero lasciare tracce nel pattern della CMB. Tuttavia, tali prove sono ancora oggetto di dibattito e richiedono ulteriori analisi.

Le implicazioni filosofiche e scientifiche del multiverso sono profonde. Se esistono infiniti universi, le domande sulla nostra esistenza e sulle leggi della natura assumono una nuova dimensione. Il multiverso suggerisce che il nostro universo potrebbe non essere unico, ma solo uno tra una miriade di possibilità. Questa prospettiva potrebbe risolvere alcune delle domande fondamentali della cosmologia, ma solleva anche nuove questioni sulla natura della realtà e la nostra capacità di comprenderla.

Nonostante l'attrattiva teorica, il multiverso presenta sfide significative. La principale è la mancanza di prove dirette e la difficoltà di testare sperimentalmente l'esistenza di altri universi. Le teorie che prevedono il multiverso sono attualmente difficili da verificare con gli strumenti e le tecnologie disponibili, rendendo questa ipotesi ancora un terreno di speculazione piuttosto che una teoria consolidata.

In conclusione, il concetto di multiverso offre una visione affascinante e potenzialmente rivoluzionaria della realtà. Sebbene ancora in gran parte speculativo, il multiverso è supportato da diverse teorie fisiche e potrebbe spiegare alcune delle domande più profonde sull'universo e la nostra esistenza. La ricerca continua in fisica teorica e cosmologia potrebbe un giorno fornire ulteriori prove e chiarimenti su questa straordinaria idea, avvicinandoci a una comprensione più completa del cosmo.

Struttura dell'Universo

La struttura dell'universo è una delle questioni più affascinanti e complesse della cosmologia. Comprendere come l'universo sia organizzato su larga scala e quali siano i principi che governano la sua evoluzione richiede un'analisi approfondita dei modelli cosmologici che descrivono il cosmo dalla sua origine ai giorni nostri. Questo capitolo esplora i principali modelli cosmologici e come essi spiegano la struttura dell'universo.

Il modello cosmologico standard, noto anche come modello Lambda-CDM (ΛCDM), è attualmente il paradigma dominante nella cosmologia. Questo modello combina la relatività generale di Albert Einstein con il concetto di materia oscura fredda (Cold Dark Matter, CDM) e l'energia oscura, rappresentata dalla costante cosmologica Lambda (Λ). Il modello ΛCDM descrive un universo che è iniziato con il Big Bang, seguito da una fase di espansione accelerata guidata dall'energia oscura. La materia oscura fredda gioca un ruolo cruciale nella formazione delle strutture cosmiche, fornendo la "colla" gravitazionale che permette alle galassie e agli ammassi di galassie di formarsi e aggregarsi.

Le osservazioni della radiazione cosmica di fondo a microonde (CMB) forniscono una delle prove più forti a sostegno del modello ΛCDM. La CMB è una radiazione fossile che risale a circa 380.000 anni dopo il Big Bang, quando l'universo era abbastanza freddo da permettere la formazione degli atomi e la liberazione della radiazione. Le fluttuazioni di temperatura nella CMB, mappate con grande precisione dai satelliti COBE, WMAP e Planck, mostrano un universo estremamente uniforme ma con piccole perturbazioni che hanno agito come semi per la formazione delle strutture cosmiche.

Un altro elemento chiave nella comprensione della struttura dell'universo è la distribuzione delle galassie. Le galassie non sono distribuite uniformemente, ma formano una rete complessa di filamenti, vuoti e ammassi. Questa "rete cosmica" è coerente con le simulazioni basate sul modello ΛCDM, che mostrano come la materia oscura fredda favorisca la formazione di strutture a grande scala. Le osservazioni di grandi survey galattiche, come il Sloan Digital Sky Survey (SDSS), hanno mappato la distribuzione delle galassie su scale cosmologiche, confermando la struttura a rete prevista dal modello.

Il modello ΛCDM è stato straordinariamente efficace nel descrivere molte caratteristiche dell'universo, ma non è privo di problemi. Ad esempio, la natura della materia oscura e dell'energia oscura rimane sconosciuta, e la loro identificazione è una delle sfide più grandi della fisica moderna. Inoltre, alcune osservazioni indicano discrepanze che potrebbero richiedere modifiche al modello standard, come la tensione nella costante di Hubble, che misura il tasso di espansione dell'universo.

Accanto al modello ΛCDM, esistono altri modelli cosmologici che cercano di spiegare l'universo con diverse ipotesi. La teoria della gravità modificata (MOND) è un esempio di tentativo di spiegare la rotazione delle galassie senza invocare la materia oscura. MOND propone che la legge di gravità di Newton venga modificata su scale cosmiche. Tuttavia, MOND non riesce a spiegare alcune osservazioni a grande scala e non è accettata come una sostituzione completa del modello ΛCDM.

Un altro modello alternativo è la teoria dei cicli cosmici, che propone che l'universo passi attraverso cicli infiniti di espansione e contrazione. Questa teoria, sviluppata da Paul Steinhardt e Neil Turok, suggerisce che il Big Bang non sia stato un evento unico, ma parte di un ciclo continuo. Anche se affascinante, questa teoria deve ancora ottenere prove osservazionali concrete.

La gravità quantistica a loop è un'altra teoria che cerca di unificare la meccanica quantistica e la relatività generale, offrendo una visione nuova sulla struttura dell'universo. Secondo questa teoria, lo spazio-tempo è quantizzato, il che potrebbe avere implicazioni significative per la comprensione dell'origine e dell'evoluzione dell'universo.

In conclusione, la struttura dell'universo è descritta in modo coerente e dettagliato dal modello cosmologico standard ΛCDM, supportato da solide evidenze osservazionali. Tuttavia, la ricerca continua a esplorare nuovi modelli e teorie per rispondere alle domande ancora aperte sulla natura della materia oscura, dell'energia oscura e dell'espansione dell'universo. Con ogni nuova scoperta, ci avviciniamo a una comprensione più completa e sfumata del nostro cosmo.

Fine dell'Universo

La fine dell'universo è uno dei temi più affascinanti e speculativi della cosmologia. Diversi scenari possibili sono stati proposti dagli scienziati per descrivere come potrebbe evolversi e terminare l'universo, ciascuno basato sulle proprietà fondamentali della materia, dell'energia oscura e della gravità. Questo capitolo esplora i principali scenari che potrebbero delineare la fine del nostro universo, offrendo una panoramica sulle teorie più accreditate e sulle loro implicazioni.

Uno degli scenari più discussi è il Big Freeze, noto anche come morte termica dell'universo. Questo scenario si basa sull'idea che l'espansione accelerata dell'universo, guidata dall'energia oscura, continuerà indefinitamente. Con il passare del tempo, le galassie si allontaneranno sempre di più le une dalle altre, e la formazione di nuove stelle cesserà poiché le riserve di gas necessario per la loro nascita si esauriranno. Le stelle esistenti si spegneranno gradualmente, trasformandosi in nane bianche, stelle di neutroni o buchi neri. Senza nuove stelle, l'universo diventerà sempre più freddo e oscuro, avvicinandosi asintoticamente a uno stato di equilibrio termico in cui non ci sarà più alcuna attività termodinamica. Questa fine lenta e silenziosa potrebbe richiedere tempi estremamente lunghi, ben oltre l'attuale età dell'universo.

Un altro scenario possibile è il Big Crunch. Questo modello prevede che l'espansione dell'universo possa invertire la sua direzione a causa di una densità critica sufficiente di materia e energia. Se la forza di gravità dovesse prevalere sull'espansione accelerata causata dall'energia oscura, l'universo potrebbe iniziare a contrarsi. Le galassie, le stelle e infine tutta la materia verrebbero schiacciate in uno spazio sempre più piccolo, culminando in una singolarità simile a quella da cui si pensa sia iniziato il Big Bang. Il Big Crunch suggerisce una fine drammatica dell'universo, ma alcuni teorizzano che potrebbe essere seguito da un nuovo Big Bang, portando a un ciclo infinito di espansioni e contrazioni.

Un'altra possibilità intrigante è il Big Rip. Questo scenario si basa su un tipo particolare di energia oscura, nota come energia fantasma, che ha una densità che aumenta con il tempo. Se l'energia fantasma esiste, la forza repulsiva che causa l'espansione accelerata dell'universo diventerebbe sempre più forte, fino a superare tutte le altre forze fondamentali. In questo caso, le galassie verrebbero disgregate, seguite dalle stelle, dai pianeti e infine dagli atomi e dalle particelle subatomiche. Il Big Rip porterebbe a una disintegrazione totale della struttura dell'universo, in un cataclisma finale.

Un quarto scenario è il Big Bounce, che deriva dalla teoria della gravità quantistica a loop. Questa teoria suggerisce che il Big Bang potrebbe essere stato seguito da un'espansione che è il risultato di un rimbalzo da una fase di contrazione precedente. In altre parole, l'universo potrebbe attraversare cicli infiniti di espansione e contrazione. Il Big Bounce prevede che, dopo un Big Crunch, l'universo rimbalzi in una nuova fase di espansione, evitando una singolarità infinita e continuando questo ciclo eternamente.

Infine, c'è l'ipotesi del vuoto metastabile, che si basa sulla teoria dei campi quantistici. Secondo questa ipotesi, l'universo attuale potrebbe trovarsi in uno stato di falso vuoto, che non è lo stato di energia più basso possibile. Eventualmente, una fluttuazione quantistica potrebbe causare il collasso del falso vuoto in uno stato di vero vuoto. Questo collasso propagherebbe una bolla di vero vuoto a velocità prossime a quelle della luce, distruggendo tutto ciò che incontra sul suo cammino e cambiando radicalmente le leggi della fisica.

In conclusione, la fine dell'universo potrebbe avvenire in diversi modi, ciascuno dei quali dipende dalle proprietà fondamentali della materia, dell'energia oscura e della gravità. Ogni scenario offre una visione affascinante e spesso inquietante di ciò che potrebbe accadere nel futuro remoto del cosmo. Mentre la nostra comprensione dell'universo continua a evolversi, nuovi dati e teorie potrebbero svelare ulteriori dettagli su quale di questi scenari, se ce n'è uno, potrebbe effettivamente realizzarsi.

Capitolo 9

Applicazioni della Fisica Quantistica nella Tecnologia

Computer Quantistici

I computer quantistici rappresentano una rivoluzione nel campo della tecnologia dell'informazione, promettendo di risolvere problemi complessi in modo esponenzialmente più veloce rispetto ai computer classici. Basati sui principi della meccanica quantistica, questi dispositivi sfruttano fenomeni come la sovrapposizione e l'entanglement per eseguire calcoli che sarebbero impraticabili con i metodi tradizionali. Questo capitolo esplora come funzionano i computer quantistici e le loro potenzialità.

A differenza dei computer classici, che utilizzano bit come unità di informazione (ogni bit può essere 0 o 1), i computer quantistici utilizzano qubit. Un qubit è una unità quantistica di informazione che può esistere in una sovrapposizione di stati 0 e 1 simultaneamente, grazie al principio della sovrapposizione quantistica. Ciò significa che un qubit può rappresentare più stati contemporaneamente, aumentando esponenzialmente la capacità di calcolo con l'aggiunta di ogni nuovo qubit.

Un altro fenomeno fondamentale che i computer quantistici sfruttano è l'entanglement. L'entanglement è una correlazione quantistica che lega due o più qubit in modo tale che lo stato di uno influenzi istantaneamente lo stato degli altri, indipendentemente dalla distanza che li separa. Questo permette di eseguire operazioni complesse su un insieme di qubit in modo estremamente efficiente.

Il funzionamento di un computer quantistico si basa su porte quantistiche, che sono analoghe alle porte logiche nei computer classici.

Tuttavia, mentre le porte logiche classiche eseguono operazioni su bit, le porte quantistiche manipolano qubit. Queste operazioni includono la creazione di sovrapposizioni e l'entanglement dei qubit, che permettono di eseguire algoritmi quantistici specifici. Gli algoritmi quantistici, come l'algoritmo di Shor per la fattorizzazione dei numeri primi e l'algoritmo di Grover per la ricerca non strutturata, sono in grado di risolvere problemi che sarebbero inaccessibili ai computer classici.

Una delle potenzialità più notevoli dei computer quantistici è la loro capacità di risolvere problemi di ottimizzazione e simulazione molecolare. Nel campo della chimica computazionale, per esempio, i computer quantistici possono simulare il comportamento delle molecole e delle reazioni chimiche con una precisione senza precedenti. Questo ha implicazioni importanti per la scoperta di nuovi farmaci, la creazione di materiali avanzati e la comprensione di processi biologici complessi.

Nel settore della crittografia, i computer quantistici potrebbero rivoluzionare la sicurezza delle comunicazioni. L'algoritmo di Shor, in particolare, potrebbe decifrare molti dei sistemi crittografici attualmente in uso, come RSA, che si basa sulla difficoltà di fattorizzare grandi numeri primi. Tuttavia, la stessa tecnologia quantistica offre anche soluzioni per la crittografia quantistica, che utilizza principi come l'entanglement per garantire la sicurezza delle comunicazioni.

Un altro campo in cui i computer quantistici potrebbero avere un impatto significativo è l'intelligenza artificiale. Algoritmi quantistici possono migliorare l'apprendimento automatico e l'analisi dei dati, permettendo di elaborare e interpretare grandi quantità di informazioni in modo più rapido ed efficiente.

Nonostante le enormi potenzialità, i computer quantistici devono ancora affrontare diverse sfide tecniche. La coerenza quantistica, che è la capacità di un sistema quantistico di mantenere i suoi stati di sovrapposizione e entanglement, è estremamente fragile e può essere facilmente distrutta dall'interazione con l'ambiente esterno. La correzione degli errori quantistici è un'area di ricerca attiva, con lo scopo di sviluppare tecniche per proteggere le informazioni quantistiche dagli errori.

Inoltre, la scalabilità dei computer quantistici è una sfida significativa. Costruire sistemi con un numero sufficiente di qubit per eseguire calcoli complessi richiede progressi tecnologici nella fabbricazione dei qubit e nella gestione dei loro stati. Diverse tecnologie di qubit sono in fase di sviluppo, tra cui i qubit superconduttori, i qubit a ioni intrappolati e i qubit a punti quantici, ognuna con i propri vantaggi e sfide.

In conclusione, i computer quantistici rappresentano una rivoluzione potenziale con applicazioni che spaziano dalla chimica computazionale alla crittografia e all'intelligenza artificiale. Mentre ci sono ancora molte sfide da superare, i progressi continui nella ricerca e nello sviluppo potrebbero portare a una nuova era di capacità di calcolo senza precedenti. Con il tempo, i computer quantistici potrebbero trasformare il modo in cui affrontiamo e risolviamo problemi complessi, aprendo nuove frontiere nella scienza e nella tecnologia.

Crittografia Quantistica

La crittografia quantistica è un campo emergente della sicurezza informatica che sfrutta i principi della meccanica quantistica per creare sistemi di comunicazione sicuri e a prova di intercettazione. Questo capitolo esplora i principi fondamentali della crittografia quantistica e le sue applicazioni pratiche, delineando come questa tecnologia innovativa stia rivoluzionando il panorama della sicurezza delle informazioni.

Alla base della crittografia quantistica vi è il principio dell'entanglement quantistico e della sovrapposizione. Due dei concetti fondamentali sono la distribuzione delle chiavi quantistiche (QKD) e l'interferenza quantistica. La QKD è una tecnica che permette a due parti, tipicamente chiamate Alice e Bob, di generare una chiave di cifratura condivisa utilizzando proprietà quantistiche delle particelle, come fotoni. Uno dei protocolli di QKD più noti è il protocollo BB84, sviluppato da Charles Bennett e Gilles Brassard nel 1984.

Nel protocollo BB84, Alice invia una serie di fotoni polarizzati a Bob. Ogni fotone può essere polarizzato in una delle quattro possibili direzioni: due nelle basi standard (orizzontale e verticale) e due nelle basi diagonali (45 gradi e 135 gradi). Bob misura la polarizzazione dei fotoni usando una delle due basi di misurazione scelte a caso. Dopo la trasmissione, Alice e Bob comunicano pubblicamente per confrontare le basi di misurazione utilizzate (senza rivelare i risultati delle misurazioni stesse). Solo i fotoni misurati con le stesse basi di polarizzazione da entrambi sono conservati per formare la chiave di cifratura.

La sicurezza della QKD è garantita dal principio di indeterminazione di Heisenberg e dal teorema di non-clonazione. Secondo il principio di indeterminazione, è impossibile misurare contemporaneamente due proprietà complementari di una particella quantistica con precisione arbitraria. Questo significa che un intercettatore, spesso chiamato Eve, che tenta di misurare i fotoni polarizzati per ottenere la chiave introdurrà inevitabilmente errori nelle misurazioni, che possono essere rilevati da Alice e Bob. Il teorema di non-clonazione afferma che è impossibile creare una copia esatta di un fotone quantistico sconosciuto, impedendo a Eve di duplicare i fotoni senza alterare le loro proprietà.

La crittografia quantistica ha una serie di applicazioni pratiche che la rendono particolarmente interessante per la sicurezza delle informazioni. Una delle applicazioni più immediate è la protezione delle comunicazioni sensibili, come le trasmissioni governative, militari e finanziarie. Ad esempio, le banche possono utilizzare la QKD per proteggere le transazioni elettroniche e garantire che le comunicazioni tra filiali remote siano sicure contro gli attacchi di intercettazione.

Un altro campo di applicazione è l'infrastruttura di rete. Le reti quantistiche, che utilizzano la QKD per la distribuzione sicura delle chiavi, possono garantire la sicurezza delle comunicazioni su larga scala. Vari esperimenti e implementazioni pilota sono già in corso in diverse parti del mondo, dimostrando la fattibilità della QKD per proteggere le comunicazioni su reti metropolitane e interurbane.

La crittografia quantistica sta anche aprendo la strada a nuove forme di autenticazione e identità sicura. I token quantistici e le firme digitali basate su principi quantistici possono fornire un livello di sicurezza superiore rispetto ai metodi tradizionali, rendendo più difficile la falsificazione delle identità digitali.

Nonostante i progressi, la crittografia quantistica deve ancora affrontare diverse sfide. Una delle principali è l'implementazione pratica su larga scala, in quanto la tecnologia richiede hardware sofisticato e costoso, come i fotoni singoli e i rivelatori altamente sensibili. Inoltre, la trasmissione di segnali quantistici su lunghe distanze è limitata dalla perdita di fotoni e dal rumore ambientale, sebbene recenti sviluppi nei ripetitori quantistici e nei satelliti quantistici stiano iniziando a superare questi ostacoli.

In conclusione, la crittografia quantistica rappresenta una frontiera avanzata nella sicurezza delle informazioni, offrendo una protezione senza precedenti contro l'intercettazione grazie ai principi della meccanica quantistica. Con le sue applicazioni in settori critici come la finanza, la difesa e le telecomunicazioni, e con continui progressi tecnologici che ne migliorano l'implementazione, la crittografia quantistica promette di diventare una componente fondamentale dei sistemi di sicurezza del futuro.

Teletrasporto Quantistico

Il teletrasporto quantistico è uno dei fenomeni più affascinanti della meccanica quantistica, evocando immagini di fantascienza, ma con solide basi scientifiche e potenziali applicazioni rivoluzionarie. A differenza del teletrasporto nella fantascienza, che implica la trasmissione istantanea di oggetti materiali, il teletrasporto quantistico riguarda il trasferimento dell'informazione quantistica da una posizione all'altra, senza che l'informazione stessa percorra lo spazio intermedio. Questo capitolo esplora gli esperimenti chiave e le applicazioni del teletrasporto quantistico.

Il teletrasporto quantistico si basa su un fenomeno noto come entanglement, una correlazione profonda e non locale tra le proprietà di due particelle quantistiche. Quando due particelle sono entangled, lo stato di una particella è intrinsecamente legato allo stato dell'altra, indipendentemente dalla distanza che le separa. Questo principio è al cuore del protocollo di teletrasporto quantistico, proposto per la prima volta da Charles Bennett e collaboratori nel 1993.

Il protocollo di Bennett può essere illustrato con tre partecipanti: Alice, Bob e Charlie. Alice possiede una particella il cui stato quantistico vuole teletrasportare a Bob. Alice e Bob condividono un paio di particelle entangled. Il procedimento inizia con Alice che esegue una misurazione combinata sulla particella da teletrasportare e una delle sue particelle entangled. Questo passaggio proietta la particella da teletrasportare in uno stato intermedio, e l'informazione su questo stato è trasmessa a Bob tramite un canale classico (ad esempio, un telefono). Con queste informazioni, Bob può applicare una trasformazione quantistica alla sua particella entangled, completando così il processo di teletrasporto: la particella di Bob assume lo stato esatto della particella originale di Alice.

Gli esperimenti di teletrasporto quantistico sono stati realizzati con successo a partire dal 1997, quando il gruppo di Anton Zeilinger a Innsbruck riuscì a teletrasportare lo stato quantistico di un fotone su una distanza di pochi metri. Da allora, esperimenti sempre più sofisticati hanno dimostrato il teletrasporto di stati quantistici di fotoni, atomi e ioni su distanze sempre maggiori. Nel 2017, un team di scienziati cinesi ha annunciato di aver teletrasportato con successo stati quantistici di fotoni tra il suolo e un satellite in orbita, coprendo una distanza di oltre 1.200 chilometri, segnando una pietra miliare nella fisica quantistica.

Le applicazioni del teletrasporto quantistico sono promettenti e potrebbero rivoluzionare diversi settori. Una delle applicazioni più immediate è nelle reti quantistiche e nella comunicazione quantistica. Il teletrasporto quantistico può essere utilizzato per trasferire informazioni quantistiche in modo sicuro e istantaneo tra nodi di una rete quantistica, migliorando la sicurezza delle comunicazioni e l'efficienza dei protocolli di crittografia quantistica.

Un'altra applicazione potenziale è nei computer quantistici. Il teletrasporto quantistico potrebbe consentire la creazione di connessioni quantistiche rapide e sicure tra diverse parti di un computer quantistico o tra diversi computer quantistici, permettendo la costruzione di reti di calcolo quantistico distribuito. Questo approccio potrebbe ampliare significativamente la potenza di calcolo disponibile, rendendo possibili nuovi tipi di simulazioni e algoritmi che oggi sono fuori portata.

Inoltre, il teletrasporto quantistico potrebbe avere implicazioni per la metrologia quantistica e le tecnologie di precisione. La capacità di trasferire stati quantistici con alta fedeltà potrebbe migliorare la precisione degli strumenti di misura e dei sensori, aprendo nuove possibilità per la ricerca scientifica e le applicazioni tecnologiche avanzate.

Nonostante i progressi, ci sono ancora molte sfide da affrontare prima che il teletrasporto quantistico possa essere ampiamente implementato. Una delle principali difficoltà è la gestione della decoerenza quantistica, che può distruggere l'entanglement e compromettere l'affidabilità del teletrasporto. Inoltre, il mantenimento e la distribuzione su larga scala dell'entanglement richiedono tecnologie avanzate di generazione e rilevazione di fotoni entangled, oltre a infrastrutture di comunicazione quantistica sofisticate.

In conclusione, il teletrasporto quantistico è una tecnologia emergente con un potenziale rivoluzionario per la comunicazione e il calcolo. Basato sui principi della meccanica quantistica, ha già dimostrato la sua fattibilità in numerosi esperimenti e continua a evolversi rapidamente. Con ulteriori progressi tecnologici, il teletrasporto quantistico potrebbe trasformare profondamente il modo in cui trasmettiamo e elaboriamo l'informazione, aprendo nuove frontiere nella scienza e nella tecnologia.

Sensori Quantistici

I sensori quantistici rappresentano un'avanguardia nella tecnologia di misura, sfruttando i principi della meccanica quantistica per raggiungere una precisione senza precedenti. Questi dispositivi hanno il potenziale di rivoluzionare numerosi campi, dalla medicina alla navigazione, dall'astronomia alla ricerca scientifica. Questo capitolo esplora come funzionano i sensori quantistici, la loro straordinaria precisione e le applicazioni che stanno trasformando il nostro mondo.

Alla base dei sensori quantistici ci sono i fenomeni quantistici come la sovrapposizione e l'entanglement. La sovrapposizione permette alle particelle quantistiche, come gli atomi o i fotoni, di esistere in più stati contemporaneamente. L'entanglement, invece, crea una correlazione profonda tra due o più particelle, tale che lo stato di una particella influenza istantaneamente lo stato delle altre, indipendentemente dalla distanza che le separa. Questi principi consentono di creare sensori con una sensibilità e una risoluzione molto superiori a quelle dei dispositivi classici.

Uno dei tipi più noti di sensori quantistici è l'orologio atomico. Gli orologi atomici misurano il tempo con una precisione incredibile, utilizzando la frequenza di oscillazione degli atomi come standard di riferimento. Gli orologi atomici di ultima generazione, basati su atomi di stronzio o di itterbio, possono mantenere la precisione di un secondo in milioni di anni. Questi orologi non solo sono fondamentali per la navigazione satellitare e i sistemi GPS, ma anche per la sincronizzazione delle reti di telecomunicazioni e per esperimenti scientifici che richiedono una misurazione precisa del tempo.

I gravimetri quantistici sono un altro esempio di sensori quantistici avanzati. Utilizzano atomi ultrafreddi per misurare variazioni nel campo gravitazionale con una sensibilità estrema. Questi dispositivi possono rilevare cambiamenti minimi nella gravità terrestre causati da fenomeni geologici, come il movimento delle placche tettoniche, o dalla presenza di strutture sotterranee, come riserve di acqua o minerali. I gravimetri quantistici trovano applicazioni nella geofisica, nell'esplorazione delle risorse naturali e nella sicurezza civile, ad esempio, per il monitoraggio delle infrastrutture.

I magnetometri quantistici, che misurano i campi magnetici con estrema precisione, utilizzano atomi entangled o dispositivi superconduttori come i qubit. Questi sensori sono in grado di rilevare campi magnetici debolissimi, rendendoli strumenti preziosi in numerosi settori. Nella medicina, ad esempio, possono essere utilizzati per l'imaging magnetico a risonanza (MRI) ad alta risoluzione, migliorando la diagnosi delle malattie. Nella fisica fondamentale, i magnetometri quantistici sono impiegati per studiare le proprietà dei materiali e per esperimenti che esplorano i limiti della meccanica quantistica e della relatività generale.

Un'altra applicazione innovativa dei sensori quantistici è nella navigazione inerziale. I giroscopi quantistici, basati su interferometri atomici, possono misurare la rotazione e l'accelerazione con una precisione straordinaria. Questo li rende ideali per la navigazione di sottomarini, aerei e veicoli spaziali, specialmente in situazioni in cui i segnali GPS non sono disponibili. La navigazione inerziale quantistica offre un'affidabilità e una precisione che superano di gran lunga le tecnologie tradizionali.

I sensori quantistici sono anche fondamentali per la ricerca scientifica avanzata. Ad esempio, gli interferometri quantistici sono utilizzati nella ricerca delle onde gravitazionali, che sono increspature nello spazio-tempo causate da eventi cosmici catastrofici come la fusione di buchi neri. Gli strumenti come LIGO e Virgo, che hanno rilevato le onde gravitazionali per la prima volta nel 2015, si basano su principi quantistici per raggiungere la sensibilità necessaria a captare queste minuscole perturbazioni.

Nonostante le enormi potenzialità, i sensori quantistici affrontano sfide significative. La loro sensibilità estrema li rende suscettibili al rumore ambientale e richiede condizioni di laboratorio altamente controllate. Inoltre, la tecnologia per la produzione di questi sensori è complessa e costosa, limitando per ora la loro diffusione su larga scala.

In conclusione, i sensori quantistici stanno spingendo i confini della precisione e della sensibilità in molti campi. Utilizzando i principi della meccanica quantistica, questi dispositivi offrono nuove possibilità per la misura del tempo, dei campi gravitazionali e magnetici, e per la navigazione e la ricerca scientifica. Con ulteriori sviluppi tecnologici e scientifici, i sensori quantistici potrebbero diventare strumenti indispensabili per numerose applicazioni, migliorando la nostra capacità di esplorare, comprendere e interagire con il mondo che ci circonda.

Tecnologie Mediche

Le tecnologie mediche basate sui principi della fisica quantistica stanno aprendo nuove frontiere nella diagnosi, nel trattamento e nella comprensione delle malattie. Queste innovazioni promettono di trasformare la medicina, offrendo strumenti più precisi e meno invasivi per i medici e migliorando significativamente i risultati per i pazienti. Questo capitolo esplora alcune delle applicazioni più promettenti delle tecnologie quantistiche in medicina.

Una delle applicazioni più rivoluzionarie della fisica quantistica in medicina è l'imaging medico avanzato. La risonanza magnetica quantistica (QMRI) rappresenta un'evoluzione della tradizionale risonanza magnetica (MRI). Utilizzando qubit entangled e tecniche di rilevamento avanzate, la QMRI può fornire immagini con una risoluzione senza precedenti, permettendo ai medici di individuare anomalie e patologie a uno stadio molto precoce. Questa tecnologia migliora la capacità di diagnosticare condizioni come tumori, malattie neurodegenerative e disturbi cardiovascolari.

Un altro campo in cui la fisica quantistica sta avendo un impatto significativo è la dosimetria quantistica. I dosimetri quantistici, che utilizzano sensori basati su particelle quantistiche, permettono di misurare con estrema precisione le dosi di radiazioni somministrate ai pazienti durante trattamenti come la radioterapia. Questo livello di precisione garantisce che i pazienti ricevano la dose ottimale per il trattamento, riducendo al minimo gli effetti collaterali e migliorando l'efficacia terapeutica.

La chirurgia quantistica rappresenta un'altra applicazione innovativa. Utilizzando tecnologie come i bisturi quantistici, che sfruttano fasci di particelle subatomiche, i chirurghi possono effettuare interventi con una precisione microscopica. Questi strumenti consentono di operare su tessuti delicati, minimizzando i danni collaterali e accelerando il recupero post-operatorio. Ad esempio, i laser quantistici possono essere utilizzati per rimuovere tumori con margini di errore estremamente ridotti, preservando il tessuto sano circostante.

Inoltre, la terapia quantistica potrebbe rivoluzionare il trattamento delle malattie genetiche e croniche. Le terapie basate sulla manipolazione quantistica dei geni e delle proteine offrono nuove possibilità per il trattamento di condizioni attualmente incurabili. Ad esempio, la tecnologia CRISPR, combinata con strumenti quantistici di precisione, può essere utilizzata per correggere mutazioni genetiche direttamente nel DNA dei pazienti, aprendo la strada a cure personalizzate per malattie genetiche rare.

La diagnostica quantistica sta emergendo come un campo promettente grazie all'uso di biosensori quantistici. Questi sensori possono rilevare biomarcatori specifici associati a diverse malattie con una sensibilità e una specificità molto superiori rispetto ai metodi tradizionali. Questo permette di effettuare diagnosi precoci e di monitorare l'evoluzione delle malattie in modo non invasivo. I biosensori quantistici sono particolarmente utili nella rilevazione di malattie infettive, come il COVID-19, permettendo test rapidi e accurati.

Un'altra applicazione importante delle tecnologie quantistiche in medicina è la creazione di modelli quantistici per la simulazione di farmaci. Utilizzando computer quantistici, i ricercatori possono simulare il comportamento delle molecole a livello atomico, accelerando il processo di scoperta di nuovi farmaci. Questa capacità di simulazione avanzata consente di identificare rapidamente composti promettenti, riducendo i tempi e i costi dello sviluppo di farmaci.

Infine, la crittografia quantistica trova applicazione anche in ambito medico per proteggere la privacy dei pazienti e la sicurezza dei dati sanitari. I sistemi di comunicazione basati sulla crittografia quantistica garantiscono che le informazioni mediche sensibili siano trasmesse in modo sicuro, impedendo l'accesso non autorizzato e proteggendo la confidenzialità dei dati.

In conclusione, le tecnologie mediche basate sulla fisica quantistica stanno trasformando la medicina, offrendo strumenti diagnostici e terapeutici più precisi ed efficaci. Dall'imaging avanzato alla chirurgia quantistica, dalla diagnostica precoce alla simulazione di farmaci, queste innovazioni promettono di migliorare significativamente la qualità delle cure e i risultati per i pazienti. Con il continuo progresso della ricerca e dello sviluppo tecnologico, le applicazioni quantistiche in medicina continueranno a crescere, aprendo nuove possibilità per la diagnosi e il trattamento delle malattie.

Nuovi Materiali

Il capitolo sui nuovi materiali, in particolare il grafene e i materiali quantistici, rappresenta una delle aree più entusiasmanti della scienza dei materiali. Questi materiali offrono proprietà straordinarie che promettono di rivoluzionare numerosi settori, dalla tecnologia all'energia, dalle comunicazioni alla medicina. Questo capitolo esplora il grafene e i materiali quantistici, illustrando le loro caratteristiche uniche e le applicazioni potenziali.

Il grafene è stato scoperto nel 2004 dai fisici Andre Geim e Konstantin Novoselov, che hanno ricevuto il Premio Nobel per la Fisica nel 2010 per questa scoperta. Il grafene è una forma di carbonio costituita da un singolo strato di atomi disposti in un reticolo esagonale. Questo materiale ha attirato l'attenzione degli scienziati per le sue eccezionali proprietà: è incredibilmente leggero ma anche estremamente resistente, oltre 200 volte più forte dell'acciaio. È anche un eccellente conduttore di elettricità e calore, e la sua trasparenza ottica lo rende adatto a numerose applicazioni.

Una delle applicazioni più promettenti del grafene è nell'elettronica. Grazie alla sua alta conduttività, il grafene potrebbe sostituire il silicio nei transistor, permettendo la realizzazione di dispositivi elettronici più veloci e più efficienti. I transistor al grafene potrebbero portare a processori più potenti, migliorando le prestazioni dei computer e dei dispositivi mobili. Inoltre, il grafene potrebbe essere utilizzato per creare display flessibili e trasparenti, aprendo la strada a nuove generazioni di schermi per smartphone, tablet e altri dispositivi.

Il grafene trova applicazione anche nel campo dell'energia. Le sue proprietà di conduzione e la sua superficie elevata lo rendono ideale per migliorare le batterie agli ioni di litio, aumentando la loro capacità e velocità di ricarica. I supercondensatori al grafene possono immagazzinare e rilasciare energia rapidamente, rendendoli utili per applicazioni che richiedono potenza elevata in breve tempo. Inoltre, il grafene è studiato per il suo potenziale nella produzione di celle solari più efficienti e meno costose.

I materiali quantistici rappresentano un'altra frontiera della scienza dei materiali, caratterizzati da proprietà che emergono su scala quantistica. Questi materiali includono superconduttori ad alta temperatura, materiali topologici e isolanti quantistici di spin. I superconduttori, ad esempio, sono materiali che conducono elettricità senza resistenza a temperature molto basse. I superconduttori ad alta temperatura operano a temperature relativamente più alte, rendendo più pratico il loro utilizzo in applicazioni come la trasmissione di energia senza perdite e i treni a levitazione magnetica.

I materiali topologici, come gli isolanti topologici, sono un'altra classe di materiali quantistici che hanno proprietà superficiali uniche. Gli isolanti topologici sono isolanti nel loro interno ma conducono elettricità sulla loro superficie. Questi materiali hanno potenziali applicazioni nell'elettronica quantistica e nella spintronica, una tecnologia che utilizza il momento angolare di spin degli elettroni per memorizzare e trasportare informazioni, promettendo dispositivi più veloci e efficienti.

Un altro materiale quantistico interessante è il carburo di silicio (SiC), che ha proprietà semiconduttive avanzate. Il SiC è già utilizzato nei dispositivi elettronici di potenza e nei sensori, ma le sue proprietà quantistiche potrebbero permettere lo sviluppo di nuovi tipi di dispositivi di rilevamento e di comunicazione quantistica.

Il futuro dei nuovi materiali, inclusi il grafene e i materiali quantistici, è luminoso e pieno di potenzialità. La ricerca continua a scoprire nuove proprietà e applicazioni, promettendo innovazioni che possono cambiare radicalmente numerosi settori. Dalla realizzazione di dispositivi elettronici più veloci e efficienti alla creazione di nuove fonti di energia e sistemi di comunicazione avanzati, questi materiali stanno già iniziando a influenzare il mondo in modi profondi e inaspettati.

In conclusione, il grafene e i materiali quantistici rappresentano una rivoluzione nella scienza dei materiali. Le loro straordinarie proprietà fisiche e chimiche aprono nuove possibilità per l'innovazione tecnologica. Con il continuo avanzamento della ricerca e della tecnologia, è probabile che vedremo un numero crescente di applicazioni pratiche che sfruttano questi materiali per migliorare la nostra vita quotidiana e risolvere alcune delle sfide più urgenti del nostro tempo.

Capitolo 10

La Legge dell'Attrazione e la Fisica Quantistica

Concetti di Base della Legge dell'Attrazione

La legge dell'attrazione è un concetto che ha guadagnato popolarità negli ultimi decenni grazie a libri, film e insegnamenti di numerosi autori e speaker motivazionali. Questo principio si basa sull'idea che i pensieri e le emozioni di una persona possono influenzare direttamente il mondo che la circonda, attirando eventi e circostanze in linea con quei pensieri ed emozioni. In questo capitolo, esploreremo i concetti di base della legge dell'attrazione, definendo i suoi principi fondamentali e illustrando come essa venga applicata nella vita quotidiana.

La legge dell'attrazione si fonda su un principio fondamentale: "simile attrae simile". Questo significa che i pensieri positivi attirano esperienze positive, mentre i pensieri negativi attirano esperienze negative. Secondo questa teoria, tutto ciò che accade nella nostra vita è il risultato delle energie che emettiamo attraverso i nostri pensieri e sentimenti. La mente agisce come un magnete, attraendo verso di sé le circostanze che corrispondono alla frequenza vibratoria dei nostri pensieri predominanti.

Uno degli elementi chiave della legge dell'attrazione è la consapevolezza dei propri pensieri. Molti sostenitori di questa legge credono che la maggior parte delle persone non sia consapevole del potere dei propri pensieri e delle emozioni, vivendo spesso in un ciclo di negatività e frustrazione senza rendersi conto di contribuire attivamente a tali esperienze. La pratica della legge dell'attrazione richiede quindi un alto grado di consapevolezza e controllo mentale, indirizzando i pensieri verso ciò che si desidera piuttosto che verso ciò che si teme o si vuole evitare.

Un altro principio centrale è la visualizzazione creativa. Questo metodo implica immaginare vividamente e dettagliatamente gli obiettivi e i desideri come se fossero già realizzati. La visualizzazione serve a programmare la mente subconscia per riconoscere e sfruttare le opportunità che possono portare al raggiungimento di questi obiettivi. Molti atleti di successo, artisti e professionisti utilizzano tecniche di visualizzazione per migliorare le loro prestazioni e ottenere risultati desiderati.

La gratitudine è un ulteriore componente essenziale della legge dell'attrazione. Esprimere gratitudine per ciò che si ha già crea una vibrazione positiva che, secondo questa legge, attrae ulteriori cose positive nella propria vita. La pratica della gratitudine sposta l'attenzione dalla mancanza all'abbondanza, rinforzando la fiducia nell'universo e nel proprio potere di manifestare i desideri.

Le affermazioni positive sono un'altra tecnica usata per applicare la legge dell'attrazione. Le affermazioni sono frasi ripetute con intenzione e convinzione per trasformare pensieri negativi in pensieri positivi. Queste frasi devono essere formulate al presente e in termini positivi, come se ciò che si desidera fosse già una realtà. Ad esempio, anziché dire "Non voglio essere stressato", si dovrebbe dire "Sono calmo e rilassato".

La legge dell'attrazione si basa anche sul principio dell'azione allineata. Questo principio afferma che, oltre a pensare positivamente e visualizzare i propri obiettivi, è necessario intraprendere azioni concrete che siano in armonia con i propri desideri. L'azione allineata non è solo fare qualcosa per il gusto di fare, ma agire in modo coerente con le proprie intenzioni e aspirazioni, creando così un flusso di energia che facilita la manifestazione dei desideri.

Infine, un concetto cruciale della legge dell'attrazione è la fede e il rilascio. Questo principio implica avere fiducia nel processo e lasciar andare l'attaccamento ossessivo ai risultati. È importante credere che l'universo stia lavorando a proprio favore, anche se i risultati non sono immediatamente visibili. Questa fiducia permette di rimanere aperti e ricettivi alle opportunità che possono presentarsi in modi inaspettati.

In conclusione, la legge dell'attrazione è un insieme di principi che insegnano come i pensieri e le emozioni influenzino direttamente la realtà di una persona. Attraverso la consapevolezza dei pensieri, la visualizzazione creativa, la gratitudine, le affermazioni positive, l'azione allineata e la fede, è possibile attrarre nella propria vita le esperienze e le circostanze desiderate. Sebbene la validità scientifica della legge dell'attrazione sia ancora oggetto di dibattito, molti trovano che questi principi aiutino a migliorare il proprio benessere psicologico e a raggiungere i propri obiettivi.

Parallelismi con la Fisica Quantistica

Il capitolo dedicato ai parallelismi tra la legge dell'attrazione e la fisica quantistica offre un affascinante sguardo sulle possibili connessioni tra due campi apparentemente distinti. Mentre la legge dell'attrazione si concentra sull'influenza dei pensieri e delle emozioni nella creazione della realtà, la fisica quantistica esplora i comportamenti delle particelle subatomiche e le leggi che governano il mondo microscopico. Esaminando le similitudini teoriche tra questi due domini, possiamo trovare punti di contatto sorprendenti che arricchiscono la nostra comprensione di entrambi.

Uno dei parallelismi più intriganti riguarda il concetto di osservazione e il ruolo dell'osservatore. Nella fisica quantistica, il famoso esperimento della doppia fenditura ha dimostrato che le particelle subatomiche, come gli elettroni, possono comportarsi sia come particelle che come onde. Questo comportamento duale dipende dall'atto di osservazione: quando non vengono osservati, gli elettroni mostrano un comportamento ondulatorio, creando un pattern di interferenza. Tuttavia, quando vengono osservati, si comportano come particelle, creando un pattern di fenditure. Questo suggerisce che l'atto di osservare influisce direttamente sulla realtà delle particelle, un fenomeno noto come "collasso della funzione d'onda".

Analogamente, la legge dell'attrazione postula che l'attenzione e l'intenzione dell'individuo possano influenzare direttamente la realtà. I sostenitori della legge dell'attrazione credono che i pensieri e le emozioni focalizzati possano "collassare" le possibilità infinite dell'universo in un'unica realtà concreta. Questo parallelismo con la fisica quantistica suggerisce che, proprio come l'osservazione determina il comportamento delle particelle subatomiche, i pensieri e le emozioni di una persona possono determinare gli esiti della propria vita.

Un altro concetto della fisica quantistica che trova un'eco nella legge dell'attrazione è l'entanglement. L'entanglement quantistico descrive un fenomeno in cui due particelle diventano correlate in modo tale che lo stato di una particella è istantaneamente collegato allo stato dell'altra, indipendentemente dalla distanza che le separa. Questo significa che un cambiamento nello stato di una particella si riflette immediatamente nell'altra, anche se si trovano a milioni di chilometri di distanza.

Questo fenomeno può essere visto come un'analogia con l'idea di interconnessione universale presente nella legge dell'attrazione. Secondo questa legge, tutto nell'universo è collegato e le energie emesse da un individuo possono influenzare eventi e circostanze lontane. L'entanglement suggerisce che l'universo è un sistema interconnesso, in cui tutto è collegato a livello fondamentale, risuonando con il concetto che i pensieri e le intenzioni di una persona possano avere effetti a distanza.

Un ulteriore parallelismo può essere trovato nel principio di sovrapposizione quantistica. Nella fisica quantistica, la sovrapposizione si riferisce alla capacità delle particelle di esistere in più stati contemporaneamente fino a quando non vengono misurate. Questo principio sottolinea l'indeterminazione e la possibilità di molteplici esiti coesistenti fino a quando l'osservazione non determina un unico risultato.

Nella legge dell'attrazione, l'idea che una persona possa visualizzare e manifestare diversi potenziali futuri rispecchia questo principio di sovrapposizione. Visualizzare e credere fermamente in un esito desiderato può essere visto come un modo per "misurare" e quindi manifestare una particolare realtà tra le molteplici possibilità esistenti.

Inoltre, il principio di indeterminazione di Heisenberg, che afferma che non è possibile conoscere simultaneamente e con precisione la posizione e la velocità di una particella, introduce un elemento di incertezza fondamentale nella fisica quantistica. Questo principio può essere paragonato all'idea nella legge dell'attrazione che non sempre possiamo controllare esattamente come e quando i nostri desideri si manifesteranno, ma possiamo influenzare il risultato generale attraverso la nostra intenzione e attenzione.

In conclusione, i parallelismi tra la legge dell'attrazione e la fisica quantistica offrono una prospettiva affascinante su come i principi che governano il mondo subatomico possano rispecchiarsi nelle teorie che riguardano la nostra realtà quotidiana. Sebbene la fisica quantistica e la legge dell'attrazione operino in domini molto diversi, le similitudini teoriche suggeriscono che ci possa essere un'interconnessione profonda tra la mente umana e l'universo. Esplorare queste connessioni può arricchire la nostra comprensione di entrambi i campi e offrire nuove intuizioni sulla natura della realtà e il potere del pensiero umano.

Energia e Vibrazioni

Il concetto di energia e vibrazioni è centrale tanto nella fisica quantistica quanto nella legge dell'attrazione. Entrambi i campi sottolineano l'importanza delle frequenze e delle vibrazioni nell'influenzare e determinare la realtà. In questo capitolo, esploreremo come energia e vibrazioni interagiscono, cercando di capire come queste idee si collegano e come possano essere applicate nella nostra vita quotidiana.

La fisica quantistica ci insegna che tutto nell'universo è costituito da energia. Le particelle subatomiche, come elettroni e fotoni, non sono entità solide, ma piuttosto pacchetti di energia che vibrano a specifiche frequenze. Questa vibrazione è ciò che determina le proprietà delle particelle e, di conseguenza, le caratteristiche degli atomi e delle molecole che compongono tutta la materia.

Questo concetto può essere esteso alla legge dell'attrazione, che afferma che i pensieri e le emozioni umane emettono vibrazioni energetiche. Ogni pensiero e sentimento ha una frequenza specifica, e queste frequenze interagiscono con l'ambiente circostante. Quando una persona mantiene pensieri positivi e emozioni elevate, come la gioia, la gratitudine e l'amore, emette vibrazioni energetiche alte. Al contrario, pensieri negativi e emozioni come la paura, la rabbia e la tristezza emettono vibrazioni basse.

Secondo la legge dell'attrazione, le vibrazioni energetiche di una persona attraggono circostanze e eventi che risuonano con la stessa frequenza. Questo significa che mantenere una vibrazione alta attraverso pensieri ed emozioni positive può attrarre esperienze e risultati positivi nella propria vita. Questo principio è spesso riassunto dal detto "simile attrae simile".

L'interazione tra energia e vibrazioni può essere paragonata a quella di due diapason. Se due diapason sono accordati alla stessa frequenza e uno di essi viene colpito, l'altro inizierà a vibrare spontaneamente. Questo fenomeno, noto come risonanza, illustra come le vibrazioni energetiche possano influenzarsi reciprocamente. Allo stesso modo, le vibrazioni positive emesse da una persona possono innescare vibrazioni simili nell'ambiente e nelle persone circostanti, creando un effetto a catena di energia positiva.

La fisica quantistica offre un ulteriore supporto a questa idea attraverso il concetto di campo quantistico. Un campo quantistico è un campo continuo che permea tutto lo spazio e può essere disturbato da particelle che vibrano a specifiche frequenze. Queste perturbazioni si propagano attraverso il campo come onde di energia. Analogamente, le vibrazioni energetiche dei pensieri e delle emozioni possono essere viste come perturbazioni in un campo energetico più grande, influenzando la realtà circostante.

Una delle applicazioni pratiche di questi concetti è la meditazione. Durante la meditazione, una persona può focalizzare i propri pensieri e intenti per elevare le proprie vibrazioni energetiche. Pratiche come la visualizzazione, la respirazione profonda e le affermazioni positive possono aiutare a mantenere una frequenza elevata, facilitando l'attrazione di esperienze desiderabili. Numerosi studi scientifici hanno dimostrato che la meditazione può ridurre lo stress, migliorare il benessere emotivo e aumentare la resilienza, supportando l'idea che elevare le vibrazioni energetiche abbia effetti tangibili sulla salute e sulla qualità della vita.

Anche la musica e i suoni possono influenzare le vibrazioni energetiche. Musiche rilassanti o motivazionali, suoni della natura e strumenti come le campane tibetane sono spesso utilizzati per elevare le vibrazioni e creare un ambiente armonioso. Questo effetto si basa sulla capacità dei suoni di risuonare con le frequenze naturali del corpo e della mente, favorendo uno stato di equilibrio e benessere.

In conclusione, energia e vibrazioni sono concetti fondamentali che interagiscono profondamente tanto nella fisica quantistica quanto nella legge dell'attrazione. Comprendere come queste forze operano e influenzano la nostra realtà può offrire strumenti potenti per migliorare la nostra vita quotidiana. Elevare le proprie vibrazioni attraverso pensieri positivi, emozioni elevate, meditazione e suoni armoniosi può attrarre esperienze positive e favorire un maggiore benessere, dimostrando che siamo tutti parte di un universo vibrante e interconnesso.

Influenza del Pensiero

L'influenza del pensiero e i suoi effetti quantistici costituiscono un argomento affascinante e complesso che unisce filosofia, psicologia e fisica quantistica. Questa intersezione esplora come i pensieri umani possano avere un impatto reale sulla realtà fisica, attraverso i principi della meccanica quantistica. In questo capitolo, esamineremo le teorie e le evidenze che suggeriscono che i pensieri possano influenzare il mondo quantistico, offrendo una nuova prospettiva sulla connessione tra mente e materia.

Un principio fondamentale della fisica quantistica è che l'osservazione può influenzare lo stato delle particelle subatomiche. Questo fenomeno è ben illustrato dall'esperimento della doppia fenditura. Quando gli scienziati osservano particelle come elettroni passare attraverso due fenditure, la presenza dell'osservatore determina se le particelle si comportano come onde o come particelle. Questo suggerisce che l'atto di osservare, e quindi il pensiero dell'osservatore, può influenzare direttamente la realtà quantistica.

Analogamente, la legge dell'attrazione propone che i pensieri e le intenzioni umane possano modellare la realtà. Se consideriamo i pensieri come forme di energia che vibrano a specifiche frequenze, possiamo vedere un parallelismo con il comportamento delle particelle quantistiche. I pensieri, attraverso la loro frequenza e intensità, potrebbero interagire con il campo quantistico universale, influenzando gli eventi e le circostanze che si manifestano nella vita di una persona.

Un esempio di questo concetto è il famoso esperimento del "riso di Emoto". Masaru Emoto, un ricercatore giapponese, condusse esperimenti in cui sottoponeva campioni d'acqua a diversi pensieri ed emozioni.

Congelando l'acqua e fotografando i cristalli che si formavano, Emoto osservò che l'acqua esposta a pensieri positivi come "amore" e "gratitudine" formava cristalli bellissimi e simmetrici, mentre quella esposta a pensieri negativi come "odio" e "rabbia" formava cristalli disordinati e irregolari. Sebbene questi esperimenti siano stati criticati per mancanza di rigore scientifico, hanno stimolato l'interesse su come i pensieri possano influenzare la materia.

In un contesto più scientifico, la nozione di campo quantistico offre una base teorica per l'influenza del pensiero. Un campo quantistico è un'entità continua che permea tutto lo spazio, e le particelle quantistiche sono viste come eccitazioni di questo campo. Se i pensieri sono considerati perturbazioni in un campo quantistico, possono potenzialmente influenzare le condizioni iniziali e quindi il comportamento delle particelle. Questa idea è supportata dal concetto di "collasso della funzione d'onda", dove il pensiero o l'intenzione dell'osservatore determina quale tra i molti stati potenziali di una particella diventa reale.

Inoltre, la neuroplasticità fornisce un'ulteriore dimensione all'influenza del pensiero. La neuroplasticità è la capacità del cervello di riorganizzarsi formando nuove connessioni neurali in risposta all'apprendimento, all'esperienza e al pensiero. Questo suggerisce che i pensieri positivi possono letteralmente cambiare la struttura del cervello, migliorando la salute mentale e fisica. Ad esempio, pratiche come la meditazione e la visualizzazione, che si concentrano su pensieri e immagini positive, sono state dimostrate migliorare il benessere psicologico, ridurre lo stress e persino rafforzare il sistema immunitario.

L'influenza del pensiero può anche essere osservata nel campo della medicina psicosomatica, dove la mente gioca un ruolo cruciale nel manifestarsi delle malattie fisiche. Gli effetti placebo e nocebo dimostrano che le credenze e le aspettative possono avere un impatto tangibile sulla salute fisica. Un paziente che crede fermamente nell'efficacia di un trattamento può sperimentare miglioramenti significativi, anche se il trattamento è un placebo.

In conclusione, l'influenza del pensiero e i suoi effetti quantistici rappresentano un'area intrigante che collega la fisica quantistica con la psicologia e la filosofia. Sebbene molte delle teorie e delle idee in questo campo richiedano ulteriori ricerche e convalide scientifiche, esse offrono una visione affascinante di come la mente umana possa interagire con il mondo fisico. Attraverso la comprensione e l'applicazione consapevole di questi principi, possiamo potenzialmente trasformare la nostra realtà, migliorando il nostro benessere e realizzando i nostri desideri più profondi.

Prove Empiriche

Il capitolo dedicato alle prove empiriche sulla legge dell'attrazione e sui concetti ad essa correlati rappresenta un punto cruciale per comprendere la validità e l'efficacia di queste idee. Sebbene la legge dell'attrazione sia spesso considerata una pseudoscienza, esistono numerosi studi e risultati che suggeriscono una base empirica per alcuni dei suoi principi. In questo capitolo, esploreremo varie ricerche e esperimenti che forniscono supporto empirico alla legge dell'attrazione e alle teorie ad essa associate.

Uno degli ambiti più studiati in relazione alla legge dell'attrazione è la psicologia positiva. La psicologia positiva si concentra sullo studio delle condizioni e dei processi che contribuiscono al benessere e alla realizzazione dell'individuo. Diversi studi hanno dimostrato che pensieri ed emozioni positive possono influenzare significativamente la salute mentale e fisica. Ad esempio, la ricerca condotta da Barbara Fredrickson, una delle pioniere della psicologia positiva, ha evidenziato che le emozioni positive ampliano il repertorio di pensieri e azioni di un individuo, migliorando la resilienza e il benessere generale.

Un altro campo di ricerca rilevante è quello della neuroplasticità. La neuroplasticità si riferisce alla capacità del cervello di modificarsi e adattarsi in risposta all'esperienza e all'apprendimento. Studi neuroscientifici hanno dimostrato che pratiche come la meditazione e la visualizzazione possono alterare la struttura e la funzione del cervello. Ricercatori come Richard Davidson hanno utilizzato tecniche di imaging cerebrale per mostrare che la meditazione regolare può aumentare l'attività nelle aree del cervello associate alle emozioni positive e alla regolazione emotiva, fornendo supporto empirico all'idea che i pensieri e le intenzioni possono influenzare la realtà interna dell'individuo.

Inoltre, l'effetto placebo è un fenomeno ben documentato che dimostra il potere della mente sulla materia. Studi clinici hanno ripetutamente mostrato che i pazienti che credono di ricevere un trattamento efficace possono sperimentare miglioramenti significativi nei sintomi, anche se il trattamento somministrato è un placebo privo di principi attivi. Questo suggerisce che le aspettative e le credenze possono influenzare i risultati fisici, supportando l'idea che la mente può plasmare la realtà.

Un esempio specifico di ricerca empirica sulla legge dell'attrazione è lo studio condotto da Gail Matthews, una psicologa della Dominican University of California. Matthews ha condotto uno studio per esaminare l'efficacia della scrittura di obiettivi nel migliorare le probabilità di raggiungerli. I partecipanti che hanno scritto i loro obiettivi e condiviso aggiornamenti regolari con amici hanno mostrato un tasso di successo significativamente più alto rispetto a coloro che non lo hanno fatto. Questo studio supporta l'idea che focalizzare l'attenzione e le intenzioni su desideri specifici possa facilitare la loro realizzazione.

Anche nel campo della fisica quantistica, ci sono esperimenti che suggeriscono una connessione tra mente e materia. L'esperimento del "doppio slit" o doppia fenditura, sebbene non direttamente collegato alla legge dell'attrazione, ha mostrato che l'osservazione può influenzare il comportamento delle particelle subatomiche. Questo fenomeno è stato interpretato da alcuni come un'indicazione che la mente può avere un ruolo attivo nella determinazione della realtà fisica.

Un altro studio interessante è quello condotto da Dean Radin presso l'Institute of Noetic

Sciences. Radin ha esaminato se l'intenzione umana può influenzare sistemi quantistici casuali. I suoi esperimenti hanno suggerito che i pensieri e le intenzioni possono avere un effetto misurabile su dispositivi come i generatori di numeri casuali, sebbene questi risultati siano ancora oggetto di dibattito e richiedano ulteriori verifiche.

In conclusione, mentre la legge dell'attrazione rimane un campo controverso e spesso criticato per la mancanza di rigore scientifico, esistono prove empiriche che supportano l'idea che i pensieri e le intenzioni possano influenzare la realtà. Studi in psicologia positiva, neuroplasticità, effetto placebo e alcuni esperimenti di fisica quantistica suggeriscono che c'è del vero nei principi alla base della legge dell'attrazione. Sebbene siano necessari ulteriori ricerche e approfondimenti, queste evidenze forniscono una base interessante per esplorare come la mente possa interagire con il mondo fisico e influenzare gli eventi e le circostanze della vita quotidiana.

Applicazioni Pratiche

L'ultima parte di questo capitolo è dedicata alle applicazioni pratiche della legge dell'attrazione. Dopo aver esplorato i principi teorici e le prove empiriche, è utile comprendere come utilizzare questa legge nella vita quotidiana per manifestare i propri desideri e migliorare il proprio benessere. Attraverso semplici pratiche e tecniche, è possibile mettere in moto i meccanismi della legge dell'attrazione per attirare risultati positivi.

Il primo passo per applicare la legge dell'attrazione è la consapevolezza dei propri pensieri. È fondamentale monitorare e riconoscere i pensieri negativi che possono ostacolare i propri obiettivi. Questo richiede una pratica costante di mindfulness, o consapevolezza, che aiuta a focalizzarsi sul momento presente e a gestire i pensieri intrusivi. La mindfulness può essere sviluppata attraverso la meditazione, che consente di osservare i propri pensieri senza giudicarli e di sostituirli gradualmente con pensieri positivi.

La visualizzazione è una tecnica potente per applicare la legge dell'attrazione. Consiste nell'immaginare vividamente i propri desideri come se fossero già realizzati. Questo processo coinvolge tutti i sensi, creando un'esperienza mentale dettagliata e tangibile del risultato desiderato. Per esempio, se il desiderio è ottenere un lavoro specifico, si può visualizzare se stessi nel nuovo ruolo, interagendo con i colleghi, svolgendo le mansioni quotidiane e sentendo la soddisfazione di raggiungere questo obiettivo. La visualizzazione aiuta a creare una forte connessione emotiva con il desiderio, rafforzando la convinzione che esso sia possibile.

Le affermazioni positive sono un altro strumento efficace. Si tratta di frasi ripetute con intenzione e convinzione, formulate al presente e in termini positivi. Queste affermazioni aiutano a ristrutturare il pensiero subconscio, sostituendo le credenze limitanti con convinzioni potenzianti. Ad esempio, un'affermazione come "Sono meritevole di successo e lo raggiungo facilmente" può aiutare a superare l'insicurezza e a costruire una mentalità di abbondanza. È importante ripetere le affermazioni regolarmente, preferibilmente ogni giorno, per rinforzare il nuovo schema di pensiero.

La gratitudine è un componente essenziale della legge dell'attrazione. Esprimere gratitudine per ciò che si ha già crea un'energia positiva che attrae ulteriori cose positive nella propria vita. Tenere un diario della gratitudine, dove si annotano ogni giorno le cose per cui si è grati, aiuta a mantenere una prospettiva positiva e a riconoscere le benedizioni quotidiane. Questo atteggiamento di gratitudine non solo migliora il benessere emotivo, ma rafforza anche l'energia positiva necessaria per attrarre nuovi desideri.

Agire in allineamento con i propri desideri è cruciale. La legge dell'attrazione non significa semplicemente pensare ai propri desideri, ma richiede anche di intraprendere azioni concrete che siano coerenti con essi. Questo implica identificare i passi necessari per raggiungere i propri obiettivi e compierli con fiducia e determinazione. Ad esempio, se si desidera migliorare la propria forma fisica, sarà necessario creare un piano di esercizi e seguirlo con costanza. Le azioni allineate dimostrano all'universo che si è seri riguardo ai propri obiettivi e si è pronti a fare ciò che serve per realizzarli.

Infine, è importante mantenere la fede e lasciar andare l'attaccamento ossessivo ai risultati. Avere fiducia nel processo significa credere che l'universo stia lavorando a proprio favore, anche se i risultati non sono immediatamente visibili. Questo atteggiamento di fiducia permette di rimanere aperti e ricettivi alle opportunità che possono presentarsi in modi inaspettati. Lasciare andare l'ansia e il bisogno di controllo aiuta a mantenere un'energia positiva e a permettere all'universo di orchestrare le circostanze ideali per manifestare i propri desideri.

In conclusione, la legge dell'attrazione può essere applicata nella vita quotidiana attraverso pratiche di consapevolezza, visualizzazione, affermazioni positive, gratitudine, azioni allineate e fiducia nel processo. Integrando questi strumenti nel proprio stile di vita, è possibile attrarre esperienze positive e raggiungere i propri obiettivi, migliorando il benessere complessivo e realizzando i desideri più profondi.

Capitolo 11

Fisica Quantistica e Filosofia

Ontologia e Epistemologia

L'analisi dei concetti di ontologia ed epistemologia e dei loro impatti filosofici rappresenta una riflessione profonda sulle fondamenta della conoscenza e dell'essere. L'ontologia è la branca della filosofia che studia la natura dell'essere, l'esistenza e la realtà, mentre l'epistemologia si occupa delle origini, della natura e dei limiti della conoscenza. Questi campi non solo sono cruciali per la filosofia, ma hanno anche implicazioni significative per la scienza, la teologia e la metafisica. In questo capitolo, esploreremo come la legge dell'attrazione e la fisica quantistica influiscano sull'ontologia e l'epistemologia, offrendo nuove prospettive sul nostro modo di concepire la realtà e la conoscenza.

Iniziamo con l'ontologia, che indaga la natura dell'essere e della realtà. La fisica quantistica ha introdotto concetti che sfidano le nozioni tradizionali di oggettività e determinismo. La dualità onda-particella, il principio di indeterminazione di Heisenberg e il ruolo dell'osservatore nel collasso della funzione d'onda suggeriscono che la realtà non è fissa e determinata, ma piuttosto fluida e interdipendente. Questo ha portato a una revisione delle concezioni ontologiche tradizionali, suggerendo che l'essere non è una qualità statica, ma dinamica e in continua evoluzione. La realtà, quindi, potrebbe essere vista non come un'entità indipendente dall'osservatore, ma come co-creata dall'interazione tra l'osservatore e l'osservato.

La legge dell'attrazione, con la sua enfasi sul potere dei pensieri e delle emozioni nel plasmare la realtà, si allinea con questa visione quantistica dell'essere. Se i pensieri e le intenzioni possono influenzare gli eventi e le circostanze, come suggeriscono alcune interpretazioni della fisica quantistica, allora l'ontologia deve considerare la mente e la coscienza come elementi attivi nella creazione della realtà. Questo porta a una concezione dell'essere che è intrinsecamente connessa alla consapevolezza e alla volontà umana, sfidando la separazione tra soggetto e oggetto e proponendo una visione integrata dell'esistenza.

Passando all'epistemologia, la fisica quantistica ha anche profonde implicazioni per la teoria della conoscenza. Tradizionalmente, l'epistemologia si è basata su un modello di conoscenza oggettiva, dove la realtà è considerata indipendente dall'osservatore e può essere conosciuta attraverso l'osservazione e la ragione. Tuttavia, i risultati della fisica quantistica suggeriscono che l'osservazione stessa influisce sulla realtà, mettendo in discussione l'idea di una conoscenza completamente oggettiva. L'epistemologia quantistica riconosce che il processo di conoscenza è influenzato dalle condizioni e dalle intenzioni dell'osservatore, introducendo un elemento di soggettività nella costruzione della conoscenza.

Questo ha portato a una rivalutazione di come definiamo e otteniamo la conoscenza. Se i pensieri e le intenzioni possono influenzare la realtà, come propone la legge dell'attrazione, allora la conoscenza non è solo una questione di osservare e descrivere, ma anche di partecipare attivamente alla creazione della realtà. Questo implica che la conoscenza è un processo dinamico e interattivo, dove il soggetto conoscente e l'oggetto conosciuto sono in una relazione di co-creazione. Questa visione epistemologica richiede un approccio più integrato e olistico alla conoscenza, che riconosce l'importanza della mente e della coscienza nel comprendere la realtà.

Le implicazioni filosofiche di questi concetti sono profonde. L'ontologia quantistica e la legge dell'attrazione suggeriscono una realtà interconnessa e dinamica, dove l'essere e la conoscenza sono in costante evoluzione e interazione. Questo sfida le concezioni tradizionali di oggettività e determinismo, proponendo una visione più fluida e relazionale dell'esistenza. La mente e la coscienza diventano elementi centrali nella creazione della realtà, suggerendo che la conoscenza e l'essere non sono separati, ma interdipendenti e co-creativi.

In conclusione, l'analisi dei concetti di ontologia ed epistemologia alla luce della fisica quantistica e della legge dell'attrazione offre nuove prospettive filosofiche che sfidano e arricchiscono le nostre comprensioni tradizionali della realtà e della conoscenza. Questi campi invitano a una riflessione più profonda su come percepiamo e interagiamo con il mondo, proponendo una visione integrata e interconnessa dell'esistenza.

Interpretazioni della Meccanica Quantistica

La meccanica quantistica, con le sue stranezze e paradossi, ha dato origine a diverse interpretazioni che cercano di spiegare il comportamento delle particelle subatomiche e la natura della realtà. Tra queste, le più conosciute sono l'interpretazione di Copenaghen, l'interpretazione dei molti mondi (o multiversi), e l'interpretazione a variabili nascoste. Questo capitolo esplora queste interpretazioni, illustrando come ognuna cerca di risolvere i misteri della fisica quantistica e le implicazioni filosofiche che ne derivano.

L'interpretazione di Copenaghen è forse la più famosa e tradizionale. Proposta da Niels Bohr e Werner Heisenberg negli anni '20 del XX secolo, essa afferma che le proprietà di una particella quantistica non esistono in modo definito finché non vengono misurate. Prima della misurazione, una particella si trova in uno stato di sovrapposizione, descritta da una funzione d'onda che contiene tutte le possibili probabilità dei risultati della misurazione. Quando un'osservazione viene effettuata, la funzione d'onda "collassa" in uno stato definito. Questa interpretazione suggerisce che la realtà quantistica è indeterminata e che l'atto di osservazione gioca un ruolo cruciale nel determinare l'esito degli eventi. Filosoficamente, l'interpretazione di Copenaghen solleva interrogativi sul ruolo dell'osservatore e sulla natura della realtà, suggerendo che la realtà stessa è, in un certo senso, creata dall'atto di osservare.

L'interpretazione dei molti mondi, proposta da Hugh Everett III nel 1957, offre una visione radicalmente diversa. Secondo questa interpretazione, tutte le possibili alternative descritte dalla funzione d'onda quantistica si realizzano, ma in universi paralleli distinti. Quando una misurazione viene effettuata, l'universo si divide in una serie di mondi paralleli, ciascuno corrispondente a un possibile risultato. In altre parole, non esiste un collasso della funzione d'onda; piuttosto, ogni possibile risultato coesiste in un multiverso di infiniti mondi. Questa interpretazione evita i paradossi associati al collasso della funzione d'onda, ma introduce la sfida di concettualizzare un numero infinito di mondi paralleli. Filosoficamente, solleva questioni sul significato dell'esistenza e sull'identità personale, poiché ogni scelta e ogni evento creano un nuovo ramo dell'universo.

Un'altra interpretazione importante è quella delle variabili nascoste, di cui la teoria di David Bohm è un esempio prominente. Questa interpretazione propone che le particelle quantistiche hanno stati ben definiti anche quando non vengono osservate, ma che questi stati sono influenzati da variabili nascoste che non possiamo direttamente osservare. La teoria di Bohm introduce il concetto di "onda pilota", che guida le particelle lungo percorsi deterministici. Sebbene questa interpretazione sia meno popolare rispetto a quella di Copenaghen e dei molti mondi, offre una visione più classica e deterministica della realtà quantistica. Filosoficamente, suggerisce che l'incertezza quantistica è solo apparente e che una comprensione più profonda delle variabili nascoste potrebbe rivelare un universo completamente deterministico.

Ci sono anche altre interpretazioni degne di nota, come l'interpretazione a stati relazionali, che propone che le proprietà delle particelle esistono solo in relazione ad altre particelle, e l'interpretazione del collasso oggettivo, che suggerisce che il collasso della funzione d'onda è un processo fisico reale che avviene indipendentemente dall'osservazione umana.

Ognuna di queste interpretazioni della meccanica quantistica non solo cerca di spiegare i fenomeni osservati, ma ha anche profonde implicazioni filosofiche. L'interpretazione di Copenaghen solleva domande sulla natura della realtà e sull'importanza dell'osservatore, l'interpretazione dei molti mondi espande la nostra concezione dell'universo e della realtà, mentre l'interpretazione delle variabili nascoste offre una speranza di un ritorno al determinismo classico.

In conclusione, le diverse interpretazioni della meccanica quantistica riflettono la complessità e il mistero di questo campo della fisica. Ogni interpretazione offre una prospettiva unica sulla natura della realtà e sulle fondamenta della conoscenza, sfidando le nostre concezioni tradizionali e invitandoci a esplorare nuove possibilità filosofiche e scientifiche. La continua esplorazione e dibattito su queste interpretazioni non solo arricchisce la nostra comprensione della fisica quantistica, ma stimola anche una riflessione profonda sulla natura dell'esistenza e della realtà stessa.

Realismo vs. Idealismo

Il dibattito tra realismo e idealismo è uno dei più antichi e fondamentali nella storia della filosofia. Esso riguarda la natura ultima della realtà e il rapporto tra mente e mondo. In questo capitolo, esploreremo come questi due approcci filosofici si confrontano e come le recenti scoperte nella fisica quantistica e i principi della legge dell'attrazione influiscano su questo dibattito.

Il realismo, nella sua forma più basilare, afferma che il mondo esiste indipendentemente dalla nostra percezione. Gli oggetti e gli eventi hanno una realtà oggettiva che non dipende dalla coscienza umana. I realisti sostengono che la conoscenza è possibile perché possiamo osservare e descrivere una realtà che esiste di per sé. Questa visione è alla base della scienza tradizionale, che si basa sull'idea che possiamo studiare l'universo oggettivamente attraverso l'osservazione e l'esperimento.

Dall'altra parte del dibattito troviamo l'idealismo, che propone che la realtà sia in qualche modo dipendente dalla mente o dalla percezione. L'idealismo può assumere diverse forme, ma in generale, suggerisce che ciò che consideriamo realtà è strettamente legato alla nostra esperienza e alla nostra coscienza. Uno dei filosofi più noti associati a questa visione è

George Berkeley, che sosteneva che esistono solo idee e percezioni, e che gli oggetti materiali esistono solo nella misura in cui vengono percepiti.

La fisica quantistica ha riacceso questo dibattito filosofico in modo significativo. I risultati degli esperimenti quantistici, come quello della doppia fenditura, suggeriscono che le particelle subatomiche si comportano in modo diverso quando vengono osservate, rispetto a quando non lo sono. Questo fenomeno sembra sfidare il realismo tradizionale, poiché implica che l'osservazione - e quindi la coscienza dell'osservatore - gioca un ruolo cruciale nel determinare la realtà. Alcuni interpreti della meccanica quantistica, come l'interpretazione di Copenaghen, sostengono che la realtà quantistica esiste in uno stato di sovrapposizione di possibilità fino a quando non viene osservata.

Questi risultati hanno portato alcuni filosofi e scienziati a riconsiderare l'idealismo. Se la realtà a livello quantistico dipende dall'osservazione, potrebbe significare che la mente ha un ruolo fondamentale nella creazione della realtà stessa. Questo punto di vista risuona con le idee presenti nella legge dell'attrazione, che afferma che i pensieri e le intenzioni possono influenzare direttamente il mondo fisico.

Tuttavia, i realisti non hanno abbandonato il campo. Molti scienziati e filosofi sostengono che, sebbene la meccanica quantistica sollevi domande interessanti, essa non fornisce una prova conclusiva a favore dell'idealismo. Essi affermano che i fenomeni quantistici possono essere spiegati senza dover rinunciare all'idea di un mondo oggettivo. Ad esempio, le interpretazioni a variabili nascoste, come quella di David Bohm, offrono spiegazioni quantistiche che mantengono una visione realistica della realtà, suggerendo che esistano variabili non osservabili che determinano il comportamento delle particelle.

Inoltre, l'interpretazione dei molti mondi propone che ogni possibile esito di un evento quantistico si realizzi in un universo parallelo, eliminando la necessità del collasso della funzione d'onda e mantenendo l'idea di un realismo oggettivo a livello di un multiverso.

Quindi, mentre la fisica quantistica ha complicato il dibattito tra realismo e idealismo, non ha risolto la questione. Entrambe le posizioni offrono prospettive preziose che contribuiscono alla nostra comprensione della realtà. Il realismo continua a fornire una base solida per la scienza empirica, mentre l'idealismo offre intuizioni profonde sulla relazione tra mente e mondo.

In conclusione, il dibattito tra realismo e idealismo rimane aperto e vivace, arricchito dalle nuove scoperte della fisica quantistica e dalle riflessioni sulla legge dell'attrazione. Questi sviluppi ci invitano a riesaminare le nostre supposizioni fondamentali sulla natura della realtà e sul ruolo della mente nella creazione del mondo. La continua esplorazione di queste idee promette di portare nuove comprensioni e forse, un giorno, una sintesi che integri i migliori aspetti di entrambi gli approcci.

Implicazioni Etiche

Il capitolo sulle implicazioni etiche della morale e della fisica quantistica offre un'esplorazione affascinante di come le scoperte scientifiche influenzino non solo la nostra comprensione del mondo fisico, ma anche le nostre concezioni etiche e morali. La fisica quantistica, con le sue rivelazioni sconcertanti sulla natura della realtà, ha sollevato nuove domande sul libero arbitrio, la responsabilità e l'interconnessione tra gli individui e l'universo.

Un aspetto chiave della fisica quantistica è il concetto di indeterminazione e probabilità. A differenza della fisica classica, che vedeva l'universo come una macchina deterministica in cui ogni evento era predeterminato, la meccanica quantistica introduce un elemento di incertezza. Il principio di indeterminazione di Heisenberg afferma che non è possibile conoscere simultaneamente e con precisione la posizione e la velocità di una particella. Questa incertezza a livello fondamentale ha portato alcuni a mettere in discussione la nozione di libero arbitrio e determinismo.

Se l'universo non è deterministico, ma governato da probabilità, questo potrebbe implicare che il libero arbitrio esiste veramente, poiché le decisioni non sono predeterminate da condizioni iniziali fisse. Questo concetto ha profonde implicazioni etiche, suggerendo che gli individui possano avere una reale capacità di scegliere e quindi siano responsabili delle proprie azioni. La responsabilità morale potrebbe essere vista alla luce di un universo in cui le decisioni individuali influenzano realmente l'evoluzione degli eventi.

Un altro concetto rilevante è l'entanglement quantistico, che descrive come le particelle possano essere connesse in modo tale che lo stato di una particella influenzi istantaneamente lo stato di un'altra, indipendentemente dalla distanza. Questo fenomeno suggerisce un livello profondo di interconnessione tra tutti gli elementi dell'universo. Da un punto di vista etico, l'entanglement quantistico potrebbe essere visto come una metafora per la responsabilità collettiva e l'interconnessione umana. Se tutto nell'universo è interconnesso, allora le nostre azioni non influenzano solo noi stessi, ma anche gli altri e l'universo nel suo complesso.

Questa visione di interconnessione può incoraggiare un'etica basata sulla compassione e sulla responsabilità reciproca. La consapevolezza che ogni azione ha ripercussioni su un livello profondo potrebbe promuovere comportamenti etici che mirano al bene comune e alla sostenibilità. Questo principio può essere applicato a questioni globali come il cambiamento climatico, la giustizia sociale e i diritti umani, sottolineando l'importanza di agire in modo che benefici l'intera rete di vita sulla Terra.

La legge dell'attrazione, che suggerisce che i pensieri e le intenzioni possono influenzare la realtà, porta anch'essa a riflessioni etiche. Se crediamo che i nostri pensieri possano plasmare il mondo, allora abbiamo una responsabilità etica nel coltivare pensieri positivi e costruttivi. Questo implica che la nostra salute mentale e il nostro benessere emotivo non sono solo questioni personali, ma hanno un impatto etico sulla società nel suo insieme. Promuovere la positività, la gratitudine e la compassione diventa un imperativo morale.

Un ulteriore aspetto etico della fisica quantistica riguarda la trasparenza e l'onestà nella comunicazione scientifica. Poiché la fisica quantistica è complessa e spesso fraintesa, gli scienziati hanno la responsabilità di comunicare chiaramente i loro risultati e le loro implicazioni senza esagerazioni o semplificazioni eccessive. Questo è cruciale per mantenere la fiducia del pubblico nella scienza e per garantire che le decisioni politiche e sociali basate sulla scienza siano ben informate e giustificate.

In conclusione, la fisica quantistica non solo rivoluziona la nostra comprensione del mondo fisico, ma ha anche profonde implicazioni etiche. Introduce nuovi modi di pensare al libero arbitrio, alla responsabilità morale e all'interconnessione tra gli individui e l'universo. Queste idee possono arricchire il nostro approccio alla morale e alla responsabilità, promuovendo una visione del mondo più compassionevole, sostenibile e interconnessa. La continua esplorazione delle implicazioni etiche della fisica quantistica promette di offrire nuove intuizioni che possono guidare il nostro comportamento individuale e collettivo verso un futuro più etico e responsabile.

Libero Arbitrio

Il concetto di libero arbitrio è uno dei più dibattuti nella filosofia e nella scienza. Esso riguarda la capacità degli individui di prendere decisioni autonome e di agire in base a quelle decisioni. La meccanica quantistica, con la sua natura intrinsecamente probabilistica, offre nuove prospettive su questo antico dibattito, sfidando le idee tradizionali di determinismo e influenzando le nostre concezioni di autonomia e responsabilità.

Nel mondo della fisica classica, l'universo è visto come un meccanismo deterministico, in cui ogni evento è causato da eventi precedenti secondo leggi fisiche immutabili. Questa visione, associata a Isaac Newton, suggerisce che se conoscessimo tutte le condizioni iniziali di un sistema, potremmo prevederne il futuro con assoluta precisione. In un tale universo deterministico, il libero arbitrio sembra essere un'illusione, poiché ogni decisione e azione sarebbe già predeterminata dalle leggi fisiche.

La meccanica quantistica, tuttavia, introduce un elemento di indeterminazione che sfida questa visione deterministica. Il principio di indeterminazione di Heisenberg afferma che non è possibile conoscere simultaneamente e con precisione assoluta la posizione e la velocità di una particella. Inoltre, i fenomeni quantistici, come il collasso della funzione d'onda, suggeriscono che gli eventi a livello subatomico sono intrinsecamente probabilistici. Questo significa che, a livello quantistico, non è possibile prevedere con certezza l'esito di un evento, ma solo la probabilità che si verifichi un certo risultato.

Questa indeterminazione quantistica offre una nuova prospettiva sul libero arbitrio. Se l'universo non è rigidamente determinato, ma contiene elementi di casualità e probabilità, allora potrebbe esserci spazio per il libero arbitrio. Le decisioni umane potrebbero non essere completamente predeterminate, ma influenzate da processi quantistici che introducono un elemento di imprevedibilità e autonomia.

Una delle teorie più interessanti che collega la meccanica quantistica al libero arbitrio è quella dei "neuroni quantistici". Alcuni ricercatori, come il fisico Roger Penrose, hanno suggerito che il cervello umano potrebbe sfruttare i fenomeni quantistici per il pensiero e la decisione. Secondo questa teoria, i microtubuli, strutture presenti nei neuroni, potrebbero operare a livello quantistico, introducendo indeterminazione e complessità nel funzionamento del cervello. Questo potrebbe significare che le decisioni umane sono influenzate da processi quantistici, offrendo una base fisica per il libero arbitrio.

L'interpretazione dei molti mondi della meccanica quantistica, proposta da Hugh Everett III, fornisce un'altra prospettiva intrigante. Secondo questa interpretazione, ogni possibile esito di un evento quantistico si realizza in un universo parallelo distinto. Questo implica che tutte le possibili scelte e decisioni esistono in qualche universo. In questo contesto, il libero arbitrio potrebbe essere visto come la capacità di navigare tra questi mondi paralleli attraverso le scelte consapevoli, con ogni decisione che crea un nuovo ramo della realtà.

Tuttavia, non tutti gli scienziati e i filosofi concordano sul fatto che la meccanica quantistica fornisca una base solida per il libero arbitrio. Alcuni sostengono che l'indeterminazione quantistica non è sufficiente per giustificare il libero arbitrio, poiché la casualità quantistica non implica necessariamente il controllo consapevole sulle decisioni. In altre parole, l'indeterminazione potrebbe semplicemente aggiungere un elemento di casualità piuttosto che di vera autonomia.

Inoltre, le implicazioni etiche e filosofiche del libero arbitrio quantistico sono complesse. Se le nostre decisioni sono influenzate da processi quantistici, ciò solleva domande sulla responsabilità morale e sull'autonomia personale. Dobbiamo ripensare la nostra comprensione della colpa, del merito e della giustizia in un universo dove la casualità gioca un ruolo significativo.

In conclusione, la meccanica quantistica offre nuove prospettive sul libero arbitrio, sfidando il determinismo classico e suggerendo che l'universo potrebbe contenere elementi di imprevedibilità e autonomia. Le teorie dei neuroni quantistici e dei molti mondi forniscono visioni affascinanti e speculative su come il libero arbitrio potrebbe operare a livello fondamentale. Sebbene il dibattito sia tutt'altro che risolto, queste idee stimolano una riflessione profonda sulla natura delle nostre decisioni e sulla nostra capacità di influenzare il corso della nostra vita.

Realtà e Percezione

Il capitolo dedicato a "Realtà e Percezione: Concetti filosofici" esplora come questi due aspetti fondamentali della nostra esperienza siano interconnessi e influenzati dalla filosofia e dalle scoperte scientifiche, in particolare dalla fisica quantistica. Realtà e percezione sono concetti che hanno affascinato filosofi e scienziati per secoli, e la loro relazione continua a stimolare dibattiti e ricerche.

La percezione è il processo attraverso il quale gli individui interpretano e comprendono il mondo esterno attraverso i sensi. Tuttavia, la percezione non è una rappresentazione perfetta della realtà, ma piuttosto una costruzione del cervello basata su segnali sensoriali, esperienze passate e aspettative. Questo porta alla domanda fondamentale: che cos'è la realtà? Se la nostra percezione è soggettiva e influenzata da molti fattori, come possiamo essere sicuri di conoscere la realtà oggettiva?

Uno dei principali contributi della filosofia alla comprensione della realtà e della percezione viene da Immanuel Kant. Kant sosteneva che non possiamo conoscere la "cosa in sé", cioè la realtà indipendente dalla nostra percezione. Secondo lui, ciò che conosciamo è sempre filtrato attraverso le nostre forme di percezione e concetti mentali. Questo significa che la nostra conoscenza è limitata ai fenomeni, ovvero alle apparenze delle cose così come le percepiamo, non alla realtà in sé.

La fisica quantistica ha ulteriormente complicato la distinzione tra realtà e percezione. Il principio di indeterminazione di Heisenberg e il ruolo dell'osservatore nel collasso della funzione d'onda suggeriscono che la realtà a livello quantistico è influenzata dall'atto di osservazione. Questo introduce l'idea che l'osservatore e la realtà non siano separati, ma interconnessi in modo profondo. La realtà non è semplicemente "là fuori" da scoprire, ma è in parte creata dall'atto di percezione.

L'interpretazione dei molti mondi della meccanica quantistica, proposta da Hugh Everett, porta questa interconnessione a un altro livello. Se ogni possibile esito di un evento quantistico si realizza in un universo parallelo, allora la realtà è una rete infinita di possibilità, e la percezione di un individuo è solo una delle molteplici realtà esistenti. Questo solleva domande profonde su cosa significhi vivere in una realtà particolarmente percepita e come le nostre scelte influenzino non solo la nostra vita, ma la struttura stessa del multiverso.

La filosofia della mente contribuisce ulteriormente alla comprensione della relazione tra realtà e percezione. Dualisti come

René Descartes sostenevano che mente e corpo sono entità separate, con la mente che percepisce la realtà esterna attraverso i sensi. Al contrario, i materialisti come Daniel Dennett sostengono che la mente è un prodotto del cervello e che la percezione è un processo fisico. La fisica quantistica, con le sue implicazioni sull'interconnessione tra osservatore e osservato, offre nuovi spunti a questo dibattito, suggerendo che la percezione potrebbe non essere semplicemente una rappresentazione passiva della realtà, ma un processo attivo di co-creazione.

Inoltre, il concetto di entanglement quantistico introduce l'idea che tutto nell'universo sia interconnesso a un livello fondamentale. Questo può avere implicazioni significative per la nostra comprensione della realtà. Se le particelle possono rimanere connesse in modi che sfidano la nostra comprensione tradizionale dello spazio e del tempo, allora anche la nostra percezione della separazione tra oggetti e individui potrebbe essere un'illusione. Questo porta a una visione più olistica della realtà, in cui ogni cosa è interconnessa e interdipendente.

In conclusione, i concetti di realtà e percezione sono profondamente interconnessi e continuamente influenzati dalle scoperte scientifiche e dalle riflessioni filosofiche. La fisica quantistica ha complicato la nostra comprensione della realtà, suggerendo che l'atto di percezione gioca un ruolo cruciale nella creazione della realtà stessa. La filosofia ci invita a riflettere su come la nostra percezione del mondo sia una costruzione soggettiva e limitata, e ci spinge a considerare le implicazioni di una realtà interconnessa e dinamica. Questi concetti non solo arricchiscono la nostra comprensione teorica del mondo, ma hanno anche implicazioni pratiche su come viviamo e interagiamo con l'universo e gli altri esseri umani.

Esperimenti Avanzati

Il progresso nella fisica e nella cosmologia è spesso guidato da esperimenti avanzati e tecnologie emergenti che spingono i limiti della nostra comprensione. Questo capitolo esplora alcune delle tecnologie più innovative e degli esperimenti recenti che stanno rivoluzionando il nostro approccio alla ricerca scientifica, aprendo nuove frontiere nella conoscenza dell'universo.

Uno dei progetti più ambiziosi e influenti degli ultimi decenni è il Large Hadron Collider (LHC) presso il CERN di Ginevra. Questo acceleratore di particelle, il più grande e potente del mondo, è progettato per scontrare protoni a energie estremamente elevate, permettendo agli scienziati di esplorare le condizioni presenti subito dopo il Big Bang. Il LHC ha portato alla scoperta del bosone di Higgs nel 2012, confermando una componente fondamentale del Modello Standard della fisica delle particelle. Oltre a questa scoperta, il LHC continua a esplorare nuovi fenomeni, come la ricerca di particelle supersimmetriche, che potrebbero risolvere alcune delle più grandi questioni aperte nella fisica, come la natura della materia oscura.

Un'altra tecnologia emergente che sta rivoluzionando la fisica è la rilevazione delle onde gravitazionali. Le collaborazioni LIGO e Virgo hanno fatto la storia nel 2015 rilevando per la prima volta le onde gravitazionali prodotte dalla fusione di due buchi neri. Questi rivelatori, basati su interferometri laser, possono misurare le minuscole distorsioni dello spazio-tempo causate da eventi cosmici catastrofici. Le onde gravitazionali offrono un nuovo modo di osservare l'universo, complementare all'astronomia tradizionale basata sulla luce. Questa tecnologia sta aprendo una nuova era nella cosmologia, permettendo di studiare fenomeni come la fusione di stelle di neutroni e la struttura interna dei buchi neri.

Il telescopio spaziale James Webb (JWST), lanciato nel dicembre 2021, rappresenta un altro salto tecnologico significativo. Progettato per sostituire il celebre telescopio Hubble, il JWST è equipaggiato con strumenti avanzati per osservare l'universo nell'infrarosso. Questo gli permette di vedere attraverso la polvere cosmica e di osservare le prime galassie formatesi dopo il Big Bang. Il JWST sta già fornendo immagini straordinarie e dati preziosi che stanno aiutando gli scienziati a comprendere meglio la formazione delle stelle, delle galassie e dei sistemi planetari. La sua capacità di rilevare l'atmosfera di esopianeti potenzialmente abitabili lo rende uno strumento chiave nella ricerca della vita oltre la Terra.

La tecnologia dei computer quantistici sta emergendo come un altro pilastro fondamentale per la ricerca avanzata. I computer quantistici sfruttano i principi della sovrapposizione e dell'entanglement per eseguire calcoli che sarebbero impraticabili con i computer classici. Questa tecnologia ha il potenziale di rivoluzionare molti campi, dalla crittografia alla simulazione di materiali quantistici, fino alla risoluzione di problemi complessi in fisica teorica. Ad esempio, i computer quantistici potrebbero simulare il comportamento delle particelle in condizioni estreme, fornendo nuove intuizioni sulla gravità quantistica e sulle dinamiche dei buchi neri.

L'esplorazione spaziale sta beneficiando anche di nuove tecnologie emergenti. Le missioni di esplorazione robotica, come quelle dei rover su Marte, stanno fornendo dati senza precedenti sulla geologia e l'atmosfera del Pianeta Rosso. L'uso di droni e mini-elicotteri, come il successo del drone Ingenuity su Marte, sta aprendo nuove possibilità per l'esplorazione planetaria. Inoltre, i progressi nelle tecnologie di propulsione spaziale, come i razzi riutilizzabili sviluppati da SpaceX, stanno riducendo i costi e aumentando l'accessibilità dell'esplorazione spaziale.

Un altro esperimento rivoluzionario è l'Event Horizon Telescope (EHT), una rete globale di radiotelescopi che ha catturato la prima immagine diretta di un buco nero nel 2019. Questo progetto combina i dati raccolti da telescopi in tutto il mondo per creare un telescopio virtuale delle dimensioni della Terra. L'EHT sta fornendo nuove informazioni sulla natura dei buchi neri e sulla gravità in condizioni estreme, testando le predizioni della relatività generale di Einstein.

In conclusione, gli esperimenti avanzati e le tecnologie emergenti stanno trasformando il nostro modo di fare scienza. Dal Large Hadron Collider alle onde gravitazionali, dai telescopi spaziali ai computer quantistici, questi strumenti stanno aprendo nuove frontiere nella nostra comprensione dell'universo. Ogni nuova scoperta non solo risponde a domande antiche, ma solleva anche nuove sfide e opportunità, guidando la scienza verso orizzonti sempre più vasti e affascinanti.

Fusione della Fisica Quantistica con altre Discipline

La fisica quantistica, con le sue implicazioni rivoluzionarie e le sue sfide concettuali, non si limita solo al regno della fisica. La sua fusione con altre discipline ha aperto nuove frontiere di ricerca e ha portato a sviluppi innovativi in vari campi. Questo capitolo esplora come l'interdisciplinarità stia cambiando il panorama della scienza e della tecnologia, unendo la fisica quantistica con discipline come la biologia, l'informatica, la chimica e la filosofia.

Un esempio notevole di questa fusione interdisciplinare è la biologia quantistica. Questo campo emergente studia come i fenomeni quantistici influenzino i processi biologici. Ad esempio, la fotosintesi nelle piante è un processo altamente efficiente che sfrutta meccanismi quantistici per il trasferimento di energia. I fotoni catturati dai pigmenti delle foglie entrano in uno stato di sovrapposizione quantistica, permettendo un trasferimento di energia quasi senza perdite ai centri di reazione fotosintetici. Studi recenti suggeriscono che anche il senso dell'olfatto potrebbe coinvolgere meccanismi quantistici, con le molecole odorose che interagiscono con i recettori attraverso vibrazioni quantistiche. Questo campo promette di rivoluzionare la nostra comprensione dei processi vitali, con potenziali applicazioni in biotecnologia e medicina.

Un'altra area dove la fisica quantistica sta facendo sentire la sua influenza è l'informatica. La computazione quantistica, che utilizza qubit invece di bit classici, offre la possibilità di risolvere problemi complessi con velocità esponenzialmente superiori rispetto ai computer tradizionali. Algoritmi quantistici come l'algoritmo di Shor per la fattorizzazione dei numeri primi e l'algoritmo di Grover per la ricerca non strutturata sono solo l'inizio. La crittografia quantistica, basata su principi come l'entanglement e la sovrapposizione, promette comunicazioni sicure e a prova di intercettazione. Le reti quantistiche potrebbero rivoluzionare l'internet e il trasferimento di informazioni, creando una nuova era di sicurezza e efficienza.

In chimica, la fisica quantistica è essenziale per comprendere le reazioni chimiche a livello fondamentale. La teoria degli orbitali molecolari, che descrive la formazione dei legami chimici, si basa su principi quantistici. La simulazione quantistica delle reazioni chimiche permette di prevedere il comportamento delle molecole con precisione, aprendo la strada a nuovi materiali e farmaci. La chimica quantistica sta anche contribuendo allo sviluppo di nuovi catalizzatori e processi industriali più efficienti e sostenibili.

La filosofia non è immune dall'influenza della fisica quantistica. Le implicazioni filosofiche della meccanica quantistica hanno sollevato nuove domande sulla natura della realtà, del tempo e del libero arbitrio. La teoria dei molti mondi, l'interpretazione di Copenaghen e le interpretazioni a variabili nascoste offrono diverse visioni della realtà che sfidano le nostre concezioni tradizionali. Filosofi e fisici lavorano insieme per esplorare questi temi, arricchendo entrambi i campi e offrendo nuove prospettive su questioni fondamentali.

L'economia quantistica è un altro campo emergente che applica principi quantistici alla teoria economica. Questo approccio cerca di modellare le decisioni economiche e i mercati finanziari utilizzando la logica della meccanica quantistica, offrendo nuove intuizioni su fenomeni come la volatilità dei mercati e il comportamento degli investitori. L'economia comportamentale, che studia come le persone prendono decisioni economiche, può beneficiare di questi modelli per comprendere meglio le dinamiche dei mercati reali.

Anche l'arte e la letteratura stanno esplorando le implicazioni della fisica quantistica. Artisti e scrittori utilizzano concetti quantistici per creare opere che sfidano le percezioni tradizionali dello spazio e del tempo, offrendo nuove esperienze estetiche e narrative. La fisica quantistica ispira nuove forme di espressione, influenzando la cultura e arricchendo il nostro immaginario collettivo.

In conclusione, la fusione della fisica quantistica con altre discipline sta trasformando il nostro modo di comprendere e interagire con il mondo. Questa interdisciplinarità non solo porta a innovazioni tecniche e scientifiche, ma stimola anche nuove riflessioni filosofiche e artistiche. Il futuro promette ulteriori sviluppi sorprendenti, man mano che le idee e le tecniche quantistiche continuano a permeare e arricchire vari campi del sapere umano.

Applicazioni Industriali

La fisica quantistica, una volta considerata un campo esoterico della scienza teorica, sta ora trovando applicazioni concrete e rivoluzionarie nell'industria. Le sue implicazioni stanno trasformando vari settori, dalla tecnologia dell'informazione alla medicina, dall'energia ai materiali avanzati. In questo capitolo, esploreremo come i principi quantistici stanno avendo un impatto significativo sull'industria, portando innovazioni che promettono di cambiare radicalmente il modo in cui operiamo e produciamo.

Uno dei settori più colpiti dalle applicazioni della fisica quantistica è quello della tecnologia dell'informazione. I computer quantistici rappresentano una delle frontiere più promettenti. Utilizzando qubit anziché bit tradizionali, questi computer possono eseguire calcoli a velocità esponenzialmente superiori rispetto ai computer classici. Questa capacità è particolarmente utile per risolvere problemi complessi come la fattorizzazione di numeri molto grandi, che è alla base di molti sistemi di crittografia attuali. La crittografia quantistica, che sfrutta fenomeni come l'entanglement per creare canali di comunicazione sicuri, sta rivoluzionando la sicurezza delle informazioni. Ad esempio, aziende come IBM e Google stanno già sviluppando prototipi di computer quantistici che potrebbero, in futuro, rendere obsolete molte delle attuali tecniche di protezione dei dati.

Nel settore dell'energia, la fisica quantistica sta aprendo nuove possibilità per l'energia solare e altre forme di energia rinnovabile. I pannelli solari basati su principi quantistici, come i punti quantici, possono assorbire una gamma più ampia di spettro solare rispetto ai pannelli tradizionali, aumentando così l'efficienza di conversione. Inoltre, le batterie quantistiche, ancora in fase di ricerca, promettono di immagazzinare e rilasciare energia con maggiore efficienza e durata rispetto alle batterie convenzionali, rivoluzionando il modo in cui conserviamo e utilizziamo l'energia.

Un'altra area industriale profondamente influenzata è la medicina. Le tecniche di imaging quantistico stanno migliorando significativamente la risoluzione e la precisione delle immagini mediche. Ad esempio, la risonanza magnetica quantistica (QMRI) offre immagini più dettagliate e accurate del corpo umano, permettendo diagnosi più precise e trattamenti più mirati. Inoltre, la terapia quantistica, che utilizza i principi della fisica quantistica per sviluppare nuovi trattamenti per malattie come il cancro, sta emergendo come un campo promettente. I ricercatori stanno esplorando l'uso dei fenomeni quantistici per progettare farmaci che possano interagire con le cellule malate in modo più efficiente e con meno effetti collaterali.

Nel campo dei materiali avanzati, la fisica quantistica ha portato alla scoperta e allo sviluppo di nuovi materiali con proprietà straordinarie. Il grafene, una singola strato di atomi di carbonio disposti in una struttura a nido d'ape, è un esempio di materiale con proprietà quantistiche eccezionali. È incredibilmente resistente, leggero e un eccellente conduttore di elettricità e calore. Le applicazioni del grafene sono vastissime, comprendendo l'elettronica, le batterie, i sensori e persino le membrane per la desalinizzazione dell'acqua. I superconduttori ad alta temperatura, che possono trasportare corrente elettrica senza perdite a temperature più elevate rispetto ai superconduttori tradizionali, stanno trovando applicazioni in settori come la produzione e la trasmissione di energia, i treni a levitazione magnetica e le apparecchiature mediche avanzate.

Anche l'industria manifatturiera sta beneficiando delle tecnologie quantistiche. I sensori quantistici, che utilizzano i principi della meccanica quantistica per misurare con precisione grandezze fisiche come il tempo, la temperatura e i campi magnetici, stanno migliorando la precisione e l'efficienza dei processi di produzione. Questi sensori possono essere utilizzati per monitorare le condizioni delle macchine, migliorare il controllo della qualità e ottimizzare le operazioni industriali, riducendo i costi e aumentando la produttività.

In conclusione, le applicazioni industriali della fisica quantistica stanno avendo un impatto profondo e rivoluzionario su una vasta gamma di settori. Dai computer quantistici alla medicina, dall'energia ai materiali avanzati, le tecnologie basate sui principi quantistici stanno aprendo nuove possibilità e trasformando il modo in cui operiamo e produciamo. Mentre la ricerca continua a progredire, è probabile che vedremo un numero crescente di innovazioni quantistiche che miglioreranno ulteriormente la nostra capacità di affrontare le sfide globali e di migliorare la qualità della vita.

Capitolo 12

Il Futuro della Fisica Quantistica

Nuove Teorie e Modelli

Il mondo della fisica e della cosmologia è in continua evoluzione, con nuove teorie e modelli che emergono per spiegare i fenomeni dell'universo. Questo capitolo esplora alcuni dei più recenti sviluppi teorici e modelli che stanno rivoluzionando la nostra comprensione della realtà, dall'energia oscura alla gravità quantistica a loop, dalla teoria delle stringhe ai modelli cosmologici avanzati.

Uno dei più intriganti sviluppi recenti è la teoria dell'energia oscura. Gli scienziati hanno scoperto che l'universo non solo si sta espandendo, ma lo sta facendo a una velocità accelerata. Questo fenomeno è attribuito a una forza misteriosa conosciuta come energia oscura, che costituisce circa il 68% dell'energia totale dell'universo. Diversi modelli sono stati proposti per spiegare l'energia oscura, tra cui l'ipotesi della costante cosmologica di Einstein, che suggerisce una forma di energia inerente allo spazio stesso. Tuttavia, altre teorie più speculative, come la quintessenza, propongono che l'energia oscura possa essere dinamica e variare nel tempo.

La gravità quantistica a loop è un'altra teoria emergente che cerca di unificare la meccanica quantistica con la relatività generale di Einstein. Questa teoria propone che lo spazio-tempo non sia continuo, ma composto da piccoli "anelli" quantistici. A differenza della teoria delle stringhe, che postula dimensioni extra e particelle fondamentali come corde vibranti, la gravità quantistica a loop si basa su una struttura discreta dello spazio-tempo. Questa teoria è ancora in fase di sviluppo, ma promette di fornire nuove intuizioni sulle condizioni estreme, come quelle che esistono all'interno dei buchi neri o all'inizio del Big Bang.

La teoria delle stringhe rimane una delle proposte più promettenti per unificare tutte le forze fondamentali della natura. Questa teoria suggerisce che le particelle fondamentali non sono punti indivisibili, ma minuscole corde vibranti. Le diverse modalità di vibrazione di queste corde corrispondono alle diverse particelle. La teoria delle stringhe richiede l'esistenza di dimensioni extra, oltre le quattro che percepiamo (tre spaziali e una temporale). Una delle versioni più avanzate di questa teoria è la teoria delle superstringhe, che include la supersimmetria, una simmetria tra particelle bosoniche e fermioniche. Sebbene ancora non confermata sperimentalmente, la teoria delle stringhe fornisce un quadro matematico elegante che potrebbe risolvere molte delle questioni aperte della fisica teorica.

Un altro sviluppo significativo è il modello cosmologico inflazionario. Proposto per la prima volta negli anni '80, il modello dell'inflazione cosmica suggerisce che l'universo abbia subito una rapidissima espansione esponenziale subito dopo il Big Bang. Questa espansione spiega la uniformità della radiazione cosmica di fondo e la distribuzione omogenea della materia nell'universo. Recenti osservazioni del satellite Planck hanno fornito ulteriori prove a sostegno del modello inflazionario, ma anche nuovi dati che stanno spingendo i cosmologi a perfezionare i loro modelli e a esplorare nuove varianti dell'inflazione.

La teoria del multiverso è un altro concetto che sta guadagnando attenzione. Secondo questa teoria, il nostro universo potrebbe essere solo uno dei tanti universi esistenti, ognuno con le proprie leggi fisiche e costanti fondamentali. Questa idea deriva sia dalla teoria delle stringhe sia dal modello inflazionario, suggerendo che l'inflazione potrebbe creare una moltitudine di "bolle" di universi. Il multiverso offre una spiegazione per la cosiddetta "sintonizzazione fine" delle costanti fisiche, che sembrano essere perfettamente adatte per la vita come la conosciamo. Tuttavia, la prova sperimentale del multiverso rimane una sfida significativa.

Infine, i progressi nella fisica dei buchi neri stanno fornendo nuove intuizioni sulle proprietà dell'universo. La scoperta delle onde gravitazionali da parte delle collaborazioni LIGO e Virgo ha aperto una nuova finestra sull'osservazione dei buchi neri. Studiando le fusioni di buchi neri, gli scienziati stanno raccogliendo dati preziosi che potrebbero aiutare a testare le predizioni della relatività generale in condizioni estreme e a esplorare le connessioni con la gravità quantistica.

In conclusione, le nuove teorie e modelli della fisica e della cosmologia stanno spingendo i confini della nostra conoscenza, sfidando le nostre concezioni tradizionali e aprendo nuove possibilità per comprendere l'universo. Questi sviluppi promettono di rivoluzionare la scienza e la filosofia, offrendo nuove risposte e sollevando nuove domande sui misteri fondamentali della realtà.

Esperimenti Avanzati

Il progresso nella fisica e nella cosmologia è spesso guidato da esperimenti avanzati e tecnologie emergenti che spingono i limiti della nostra comprensione. Questo capitolo esplora alcune delle tecnologie più innovative e degli esperimenti recenti che stanno rivoluzionando il nostro approccio alla ricerca scientifica, aprendo nuove frontiere nella conoscenza dell'universo.

Uno dei progetti più ambiziosi e influenti degli ultimi decenni è il Large Hadron Collider (LHC) presso il CERN di Ginevra. Questo acceleratore di particelle, il più grande e potente del mondo, è progettato per scontrare protoni a energie estremamente elevate, permettendo agli scienziati di esplorare le condizioni presenti subito dopo il Big Bang. Il LHC ha portato alla scoperta del bosone di Higgs nel 2012, confermando una componente fondamentale del Modello Standard della fisica delle particelle. Oltre a questa scoperta, il LHC continua a esplorare nuovi fenomeni, come la ricerca di particelle supersimmetriche, che potrebbero risolvere alcune delle più grandi questioni aperte nella fisica, come la natura della materia oscura.

Un'altra tecnologia emergente che sta rivoluzionando la fisica è la rilevazione delle onde gravitazionali. Le collaborazioni LIGO e Virgo hanno fatto la storia nel 2015 rilevando per la prima volta le onde gravitazionali prodotte dalla fusione di due buchi neri. Questi rivelatori, basati su interferometri laser, possono misurare le minuscole distorsioni dello spazio-tempo causate da eventi cosmici catastrofici. Le onde gravitazionali offrono un nuovo modo di osservare l'universo, complementare all'astronomia tradizionale basata sulla luce. Questa tecnologia sta aprendo una nuova era nella cosmologia, permettendo di studiare fenomeni come la fusione di stelle di neutroni e la struttura interna dei buchi neri.

Il telescopio spaziale James Webb (JWST), lanciato nel dicembre 2021, rappresenta un altro salto tecnologico significativo. Progettato per sostituire il celebre telescopio Hubble, il JWST è equipaggiato con strumenti avanzati per osservare l'universo nell'infrarosso. Questo gli permette di vedere attraverso la polvere cosmica e di osservare le prime galassie formatesi dopo il Big Bang. Il JWST sta già fornendo immagini straordinarie e dati preziosi che stanno aiutando gli scienziati a comprendere meglio la formazione delle stelle, delle galassie e dei sistemi planetari. La sua capacità di rilevare l'atmosfera di esopianeti potenzialmente abitabili lo rende uno strumento chiave nella ricerca della vita oltre la Terra.

La tecnologia dei computer quantistici sta emergendo come un altro pilastro fondamentale per la ricerca avanzata. I computer quantistici sfruttano i principi della sovrapposizione e dell'entanglement per eseguire calcoli che sarebbero impraticabili con i computer classici. Questa tecnologia ha il potenziale di rivoluzionare molti campi, dalla crittografia alla simulazione di materiali quantistici, fino alla risoluzione di problemi complessi in fisica teorica. Ad esempio, i computer quantistici potrebbero simulare il comportamento delle particelle in condizioni estreme, fornendo nuove intuizioni sulla gravità quantistica e sulle dinamiche dei buchi neri.

L'esplorazione spaziale sta beneficiando anche di nuove tecnologie emergenti. Le missioni di esplorazione robotica, come quelle dei rover su Marte, stanno fornendo dati senza precedenti sulla geologia e l'atmosfera del Pianeta Rosso. L'uso di droni e mini-elicotteri, come il successo del drone Ingenuity su Marte, sta aprendo nuove possibilità per l'esplorazione planetaria. Inoltre, i progressi nelle tecnologie di propulsione spaziale, come i razzi riutilizzabili sviluppati da SpaceX, stanno riducendo i costi e aumentando l'accessibilità dell'esplorazione spaziale.

Un altro esperimento rivoluzionario è l'Event Horizon Telescope (EHT), una rete globale di radiotelescopi che ha catturato la prima immagine diretta di un buco nero nel 2019. Questo progetto combina i dati raccolti da telescopi in tutto il mondo per creare un telescopio virtuale delle dimensioni della Terra. L'EHT sta fornendo nuove informazioni sulla natura dei buchi neri e sulla gravità in condizioni estreme, testando le predizioni della relatività generale di Einstein.

In conclusione, gli esperimenti avanzati e le tecnologie emergenti stanno trasformando il nostro modo di fare scienza. Dal Large Hadron Collider alle onde gravitazionali, dai telescopi spaziali ai computer quantistici, questi strumenti stanno aprendo nuove frontiere nella nostra comprensione dell'universo. Ogni nuova scoperta non solo risponde a domande antiche, ma solleva anche nuove sfide e opportunità, guidando la scienza verso orizzonti sempre più vasti e affascinanti.

Fusione della Fisica Quantistica con altre Discipline

La fisica quantistica, con le sue implicazioni rivoluzionarie e le sue sfide concettuali, non si limita solo al regno della fisica. La sua fusione con altre discipline ha aperto nuove frontiere di ricerca e ha portato a sviluppi innovativi in vari campi. Questo capitolo esplora come l'interdisciplinarità stia cambiando il panorama della scienza e della tecnologia, unendo la fisica quantistica con discipline come la biologia, l'informatica, la chimica e la filosofia.

Un esempio notevole di questa fusione interdisciplinare è la biologia quantistica. Questo campo emergente studia come i fenomeni quantistici influenzino i processi biologici. Ad esempio, la fotosintesi nelle piante è un processo altamente efficiente che sfrutta meccanismi quantistici per il trasferimento di energia. I fotoni catturati dai pigmenti delle foglie entrano in uno stato di sovrapposizione quantistica, permettendo un trasferimento di energia quasi senza perdite ai centri di reazione fotosintetici. Studi recenti suggeriscono che anche il senso dell'olfatto potrebbe coinvolgere meccanismi quantistici, con le molecole odorose che interagiscono con i recettori attraverso vibrazioni quantistiche. Questo campo promette di rivoluzionare la nostra comprensione dei processi vitali, con potenziali applicazioni in biotecnologia e medicina.

Un'altra area dove la fisica quantistica sta facendo sentire la sua influenza è l'informatica. La computazione quantistica, che utilizza qubit invece di bit classici, offre la possibilità di risolvere problemi complessi con velocità esponenzialmente superiori rispetto ai computer tradizionali. Algoritmi quantistici come l'algoritmo di Shor per la fattorizzazione dei numeri primi e l'algoritmo di Grover per la ricerca non strutturata sono solo l'inizio. La crittografia quantistica, basata su principi come l'entanglement e la sovrapposizione, promette comunicazioni sicure e a prova di intercettazione. Le reti quantistiche potrebbero rivoluzionare l'internet e il trasferimento di informazioni, creando una nuova era di sicurezza e efficienza.

In chimica, la fisica quantistica è essenziale per comprendere le reazioni chimiche a livello fondamentale. La teoria degli orbitali molecolari, che descrive la formazione dei legami chimici, si basa su principi quantistici. La simulazione quantistica delle reazioni chimiche permette di prevedere il comportamento delle molecole con precisione, aprendo la strada a nuovi materiali e farmaci. La chimica quantistica sta anche contribuendo allo sviluppo di nuovi catalizzatori e processi industriali più efficienti e sostenibili.

La filosofia non è immune dall'influenza della fisica quantistica. Le implicazioni filosofiche della meccanica quantistica hanno sollevato nuove domande sulla natura della realtà, del tempo e del libero arbitrio. La teoria dei molti mondi, l'interpretazione di Copenaghen e le interpretazioni a variabili nascoste offrono diverse visioni della realtà che sfidano le nostre concezioni tradizionali. Filosofi e fisici lavorano insieme per esplorare questi temi, arricchendo entrambi i campi e offrendo nuove prospettive su questioni fondamentali.

L'economia quantistica è un altro campo emergente che applica principi quantistici alla teoria economica. Questo approccio cerca di modellare le decisioni economiche e i mercati finanziari utilizzando la logica della meccanica quantistica, offrendo nuove intuizioni su fenomeni come la volatilità dei mercati e il comportamento degli investitori. L'economia comportamentale, che studia come le persone prendono decisioni economiche, può beneficiare di questi modelli per comprendere meglio le dinamiche dei mercati reali.

Anche l'arte e la letteratura stanno esplorando le implicazioni della fisica quantistica. Artisti e scrittori utilizzano concetti quantistici per creare opere che sfidano le percezioni tradizionali dello spazio e del tempo, offrendo nuove esperienze estetiche e narrative. La fisica quantistica ispira nuove forme di espressione, influenzando la cultura e arricchendo il nostro immaginario collettivo.

In conclusione, la fusione della fisica quantistica con altre discipline sta trasformando il nostro modo di comprendere e interagire con il mondo. Questa interdisciplinarità non solo porta a innovazioni tecniche e scientifiche, ma stimola anche nuove riflessioni filosofiche e artistiche. Il futuro promette ulteriori sviluppi sorprendenti, man mano che le idee e le tecniche quantistiche continuano a permeare e arricchire vari campi del sapere umano.

Applicazioni Industriali

La fisica quantistica, una volta considerata un campo esoterico della scienza teorica, sta ora trovando applicazioni concrete e rivoluzionarie nell'industria. Le sue implicazioni stanno trasformando vari settori, dalla tecnologia dell'informazione alla medicina, dall'energia ai materiali avanzati. In questo capitolo, esploreremo come i principi quantistici stanno avendo un impatto significativo sull'industria, portando innovazioni che promettono di cambiare radicalmente il modo in cui operiamo e produciamo.

Uno dei settori più colpiti dalle applicazioni della fisica quantistica è quello della tecnologia dell'informazione. I computer quantistici rappresentano una delle frontiere più promettenti. Utilizzando qubit anziché bit tradizionali, questi computer possono eseguire calcoli a velocità esponenzialmente superiori rispetto ai computer classici. Questa capacità è particolarmente utile per risolvere problemi complessi come la fattorizzazione di numeri molto grandi, che è alla base di molti sistemi di crittografia attuali. La crittografia quantistica, che sfrutta fenomeni come l'entanglement per creare canali di comunicazione sicuri, sta rivoluzionando la sicurezza delle informazioni. Ad esempio, aziende come IBM e Google stanno già sviluppando prototipi di computer quantistici che potrebbero, in futuro, rendere obsolete molte delle attuali tecniche di protezione dei dati.

Nel settore dell'energia, la fisica quantistica sta aprendo nuove possibilità per l'energia solare e altre forme di energia rinnovabile. I pannelli solari basati su principi quantistici, come i punti quantici, possono assorbire una gamma più ampia di spettro solare rispetto ai pannelli tradizionali, aumentando così l'efficienza di conversione. Inoltre, le batterie quantistiche, ancora in fase di ricerca, promettono di immagazzinare e rilasciare energia con maggiore efficienza e durata rispetto alle batterie convenzionali, rivoluzionando il modo in cui conserviamo e utilizziamo l'energia.

Un'altra area industriale profondamente influenzata è la medicina. Le tecniche di imaging quantistico stanno migliorando significativamente la risoluzione e la precisione delle immagini mediche. Ad esempio, la risonanza magnetica quantistica (QMRI) offre immagini più dettagliate e accurate del corpo umano, permettendo diagnosi più precise e trattamenti più mirati. Inoltre, la terapia quantistica, che utilizza i principi della fisica quantistica per sviluppare nuovi trattamenti per malattie come il cancro, sta emergendo come un campo promettente. I ricercatori stanno esplorando l'uso dei fenomeni quantistici per progettare farmaci che possano interagire con le cellule malate in modo più efficiente e con meno effetti collaterali.

Nel campo dei materiali avanzati, la fisica quantistica ha portato alla scoperta e allo sviluppo di nuovi materiali con proprietà straordinarie. Il grafene, una singola strato di atomi di carbonio disposti in una struttura a nido d'ape, è un esempio di materiale con proprietà quantistiche eccezionali. È incredibilmente resistente, leggero e un eccellente conduttore di elettricità e calore. Le applicazioni del grafene sono vastissime, comprendendo l'elettronica, le batterie, i sensori e persino le membrane per la desalinizzazione dell'acqua. I superconduttori ad alta temperatura, che possono trasportare corrente elettrica senza perdite a temperature più elevate rispetto ai superconduttori tradizionali, stanno trovando applicazioni in settori come la produzione e la trasmissione di energia, i treni a levitazione magnetica e le apparecchiature mediche avanzate.

Anche l'industria manifatturiera sta beneficiando delle tecnologie quantistiche. I sensori quantistici, che utilizzano i principi della meccanica quantistica per misurare con precisione grandezze fisiche come il tempo, la temperatura e i campi magnetici, stanno migliorando la precisione e l'efficienza dei processi di produzione. Questi sensori possono essere utilizzati per monitorare le condizioni delle macchine, migliorare il controllo della qualità e ottimizzare le operazioni industriali, riducendo i costi e aumentando la produttività.

In conclusione, le applicazioni industriali della fisica quantistica stanno avendo un impatto profondo e rivoluzionario su una vasta gamma di settori. Dai computer quantistici alla medicina, dall'energia ai materiali avanzati, le tecnologie basate sui principi quantistici stanno aprendo nuove possibilità e trasformando il modo in cui operiamo e produciamo. Mentre la ricerca continua a progredire, è probabile che vedremo un numero crescente di innovazioni quantistiche che miglioreranno ulteriormente la nostra capacità di affrontare le sfide globali e di migliorare la qualità della vita.

Sfide Etiche e Sociali

L'adozione della tecnologia quantistica promette di rivoluzionare numerosi settori, dall'informatica alla medicina, dall'energia ai materiali avanzati. Tuttavia, queste innovazioni portano con sé una serie di sfide etiche e sociali che devono essere affrontate con attenzione. In questo capitolo, esploreremo le implicazioni etiche e sociali della tecnologia quantistica, esaminando le potenziali conseguenze e le responsabilità che derivano dall'implementazione di queste tecnologie avanzate.

Una delle sfide etiche più rilevanti riguarda la sicurezza e la privacy. I computer quantistici, con la loro capacità di risolvere problemi complessi in tempi incredibilmente brevi, possono compromettere i sistemi di crittografia attuali che proteggono le comunicazioni e i dati sensibili. La possibilità di decrittare informazioni crittografate potrebbe mettere a rischio la sicurezza nazionale, la privacy delle persone e la sicurezza delle transazioni finanziarie. È essenziale sviluppare nuovi metodi di crittografia quantistica per proteggere le informazioni in un mondo post-quantistico, ma questo richiede investimenti significativi e coordinamento globale.

Un altro aspetto etico riguarda l'accesso equo alla tecnologia quantistica. Le tecnologie avanzate spesso richiedono risorse significative per la ricerca e lo sviluppo, il che può portare a una concentrazione di potere nelle mani di pochi paesi o grandi aziende. Questo potrebbe ampliare ulteriormente il divario tecnologico ed economico tra le nazioni ricche e quelle in via di sviluppo. È fondamentale che la comunità internazionale lavori per garantire che i benefici della tecnologia quantistica siano accessibili a tutti, promuovendo la collaborazione e la condivisione delle conoscenze.

Le implicazioni sociali della tecnologia quantistica sono altrettanto complesse. L'automazione avanzata e l'intelligenza artificiale, potenziate dai computer quantistici, potrebbero trasformare radicalmente il mercato del lavoro. Molti lavori attualmente svolti da esseri umani potrebbero essere automatizzati, portando a disoccupazione e disuguaglianze economiche. Tuttavia, queste tecnologie potrebbero anche creare nuovi posti di lavoro e opportunità in settori emergenti. È essenziale che i governi e le aziende investano nella formazione e nella riqualificazione della forza lavoro per prepararla alle nuove sfide e opportunità offerte dalla tecnologia quantistica.

La tecnologia quantistica solleva anche questioni etiche riguardanti la ricerca scientifica e l'uso delle scoperte. Ad esempio, la manipolazione quantistica delle cellule e dei geni potrebbe portare a nuove terapie mediche rivoluzionarie, ma solleva anche preoccupazioni riguardo alla sicurezza e all'eticità della modifica genetica. È importante stabilire linee guida etiche rigorose per garantire che la ricerca e l'uso delle tecnologie quantistiche siano condotti in modo responsabile e sicuro.

Inoltre, le tecnologie quantistiche potrebbero avere un impatto significativo sull'ambiente. Sebbene alcune applicazioni, come i pannelli solari quantistici e le batterie avanzate, possano contribuire a ridurre l'impatto ambientale, la produzione e lo smaltimento delle tecnologie quantistiche potrebbero presentare nuove sfide ambientali. È essenziale sviluppare pratiche sostenibili per la produzione, l'uso e il riciclo delle tecnologie quantistiche, minimizzando l'impatto ambientale e promuovendo l'economia circolare.

Un'altra considerazione etica riguarda l'uso della tecnologia quantistica nella difesa e nella sicurezza. Le armi quantistiche e le tecnologie di sorveglianza avanzate potrebbero aumentare il potenziale di conflitti globali e violazioni dei diritti umani. La comunità internazionale deve lavorare insieme per sviluppare regolamenti e trattati che limitino l'uso militare delle tecnologie quantistiche e promuovano la pace e la sicurezza globale.

Infine, le implicazioni filosofiche della tecnologia quantistica non devono essere trascurate. Le scoperte quantistiche sfidano le nostre concezioni tradizionali della realtà, del tempo e dello spazio, influenzando il nostro modo di vedere il mondo e il nostro posto nell'universo. Questo richiede una riflessione profonda sulle implicazioni esistenziali e morali della tecnologia quantistica, incoraggiando un dialogo tra scienziati, filosofi e il pubblico.

In conclusione, mentre la tecnologia quantistica offre enormi potenziali benefici, è cruciale affrontare le sfide etiche e sociali che essa pone. Garantire la sicurezza, l'accesso equo, la sostenibilità e l'uso responsabile delle tecnologie quantistiche richiede una collaborazione globale e un impegno costante per promuovere un futuro etico e inclusivo. Solo attraverso un approccio ponderato e consapevole possiamo sfruttare appieno il potenziale della rivoluzione quantistica, migliorando la vita delle persone e proteggendo il nostro pianeta.

Prospettive di Ricerca

Il futuro della ricerca nella fisica quantistica è ricco di promesse e possibilità, con numerose aree di sviluppo che potrebbero rivoluzionare la nostra comprensione dell'universo e portare a innovazioni tecnologiche straordinarie. In questo capitolo, esploreremo alcune delle prospettive di ricerca più affascinanti e le aree di futuro sviluppo che stanno catturando l'attenzione della comunità scientifica globale.

Uno dei campi più promettenti è quello della computazione quantistica. Sebbene siano stati compiuti progressi significativi nello sviluppo di computer quantistici, vi sono ancora molte sfide da superare per renderli pratici e affidabili per l'uso quotidiano. La correzione degli errori quantistici è una delle principali aree di ricerca, poiché i qubit sono estremamente sensibili alle interferenze ambientali e agli errori di decoerenza. Sviluppare algoritmi efficienti di correzione degli errori è cruciale per costruire computer quantistici stabili e funzionali. Inoltre, la ricerca continua sui materiali per realizzare qubit più robusti e scalabili è essenziale per portare la computazione quantistica fuori dai laboratori e nelle applicazioni commerciali.

Un'altra area di grande interesse è la crittografia quantistica. Mentre la crittografia quantistica offre soluzioni sicure per la trasmissione di dati, l'implementazione su larga scala richiede ulteriori avanzamenti tecnologici. La creazione di reti quantistiche globali, che utilizzano l'entanglement per garantire la sicurezza delle comunicazioni, è un obiettivo ambizioso ma raggiungibile. La ricerca in questo campo si concentra sulla costruzione di ripetitori quantistici che possano estendere l'entanglement su lunghe distanze, permettendo la trasmissione sicura di informazioni a livello planetario.

La fisica quantistica dei materiali è un altro settore in rapida espansione. La scoperta di nuovi materiali con proprietà quantistiche uniche, come i superconduttori ad alta temperatura e i materiali topologici, ha il potenziale di rivoluzionare l'elettronica, la produzione di energia e molte altre industrie. I materiali topologici, in particolare, offrono nuove possibilità per lo sviluppo di dispositivi elettronici con maggiore efficienza e capacità di elaborazione. La ricerca continua su questi materiali promette di aprire nuove frontiere nella tecnologia dei semiconduttori e nelle applicazioni elettroniche avanzate.

In ambito biomedico, la quantistica sta trovando applicazioni innovative. La ricerca sulla fotosintesi quantistica e la biofisica quantistica esplora come i processi quantistici possano influenzare le funzioni biologiche fondamentali. Questa comprensione potrebbe portare a nuove terapie e tecnologie mediche che sfruttano i fenomeni quantistici per migliorare la diagnosi e il trattamento delle malattie. Ad esempio, le tecniche di imaging quantistico potrebbero fornire immagini più dettagliate del corpo umano, migliorando la precisione delle diagnosi mediche.

La gravità quantistica rimane una delle sfide più grandi e affascinanti nella fisica teorica. Unificare la meccanica quantistica con la relatività generale è un obiettivo che ha eluso i fisici per decenni. Teorie come la gravità quantistica a loop e la teoria delle stringhe cercano di risolvere questo enigma, ma sono necessarie ulteriori ricerche teoriche e sperimentali per testare e verificare queste teorie. La comprensione della gravità quantistica potrebbe rivoluzionare la nostra conoscenza dell'universo, rivelando nuovi dettagli sulle origini del cosmo e la natura dei buchi neri.

Un'ulteriore area di ricerca emergente è l'interfaccia tra intelligenza artificiale (IA) e fisica quantistica. Gli algoritmi di apprendimento automatico possono essere utilizzati per analizzare grandi quantità di dati quantistici e scoprire nuove proprietà e comportamenti delle particelle quantistiche. Inoltre, la computazione quantistica potrebbe potenziare significativamente le capacità dell'IA, permettendo l'elaborazione di dati complessi a velocità senza precedenti.

Infine, la ricerca sulla fusione nucleare quantistica rappresenta una frontiera promettente per l'energia sostenibile. La fusione nucleare, che mira a replicare i processi che alimentano il sole, potrebbe fornire una fonte di energia pulita e praticamente inesauribile. La comprensione dei fenomeni quantistici che governano la fusione nucleare è essenziale per superare le sfide tecniche attuali e rendere questa tecnologia una realtà pratica.

In conclusione, le prospettive di ricerca nella fisica quantistica sono ampie e variegate, con potenziali applicazioni che promettono di trasformare la nostra comprensione del mondo e migliorare la nostra qualità della vita. Dalla computazione quantistica alla crittografia, dai materiali avanzati alla biomedicina, le possibilità sono infinite e la ricerca continua a spingere i confini del possibile. Mentre ci addentriamo sempre più nel regno del quantistico, è chiaro che questa disciplina continuerà a essere una forza trainante dell'innovazione scientifica e tecnologica per i decenni a venire.

Conclusione

La fisica quantistica, con le sue teorie rivoluzionarie e le sue implicazioni profonde, rappresenta una delle aree più affascinanti e complesse della scienza moderna. Attraverso questo libro, abbiamo esplorato i fondamenti della fisica quantistica, la sua storia, le applicazioni pratiche e le sfide etiche e sociali che ne derivano. Ora, giunti alla fine di questo viaggio, è opportuno riflettere su ciò che abbiamo imparato e sulle prospettive future di questa disciplina straordinaria.

Dalla definizione della fisica quantistica e delle sue differenze rispetto alla fisica classica, abbiamo visto come i principi quantistici abbiano sconvolto le nostre nozioni tradizionali di realtà, determinismo e causalità. Fenomeni come la sovrapposizione, l'entanglement e il collasso della funzione d'onda hanno rivelato un universo molto più misterioso e interconnesso di quanto avessimo mai immaginato. Questi concetti, sebbene complessi, sono alla base delle tecnologie che stanno già trasformando il nostro mondo, come i computer quantistici e la crittografia quantistica.

La storia della fisica quantistica ci ha mostrato il contributo di grandi menti come Max Planck, Albert Einstein, Niels Bohr e Werner Heisenberg, che con il loro lavoro pionieristico hanno gettato le basi per questa rivoluzione scientifica. La loro dedizione e il loro spirito innovativo continuano a ispirare nuove generazioni di scienziati e ricercatori a esplorare le frontiere della conoscenza.

Le applicazioni della fisica quantistica sono vaste e in continua espansione. Dall'informatica alla medicina, dall'energia ai materiali avanzati, le tecnologie quantistiche stanno aprendo nuove possibilità e rivoluzionando settori chiave dell'industria. I computer quantistici, con la loro potenza di calcolo senza precedenti, promettono di risolvere problemi complessi che oggi sembrano insormontabili. Le tecnologie mediche basate sulla fisica quantistica stanno migliorando la diagnosi e il trattamento delle malattie, offrendo speranza a milioni di persone in tutto il mondo.

Tuttavia, insieme ai progressi tecnologici, emergono anche sfide etiche e sociali che richiedono una riflessione attenta e responsabile. La sicurezza e la privacy, l'accesso equo alle tecnologie avanzate, l'impatto ambientale e le implicazioni per il mercato del lavoro sono solo alcune delle questioni che devono essere affrontate. È essenziale che la comunità scientifica, i governi e la società nel suo insieme lavorino insieme per garantire che le tecnologie quantistiche siano utilizzate in modo etico e sostenibile, a beneficio di tutta l'umanità.

Le prospettive future della fisica quantistica sono entusiasmanti. Le ricerche in corso sulla computazione quantistica, la crittografia quantistica, i materiali avanzati e la biomedicina promettono di aprire nuove frontiere e di offrire soluzioni innovative alle sfide globali. La fusione della fisica quantistica con altre discipline, come l'intelligenza artificiale e la biologia, sta creando campi di ricerca interdisciplinari che potrebbero portare a scoperte rivoluzionarie.

Inoltre, la fisica quantistica ci invita a riflettere su questioni filosofiche fondamentali, come la natura della realtà, del tempo e dello spazio. Le teorie quantistiche sfidano le nostre concezioni tradizionali e ci spingono a riconsiderare il nostro posto nell'universo. Questa esplorazione intellettuale non solo arricchisce la nostra comprensione scientifica, ma stimola anche una riflessione profonda sulle implicazioni esistenziali e morali delle nostre scoperte.

In conclusione, la fisica quantistica rappresenta una frontiera affascinante e dinamica della conoscenza umana. Il suo impatto sulla scienza, la tecnologia e la filosofia è profondo e destinato a crescere nei decenni a venire. Mentre continuiamo a esplorare e a scoprire, è essenziale mantenere uno spirito di curiosità, innovazione e responsabilità. Solo così potremo sfruttare appieno il potenziale della fisica quantistica per migliorare la nostra vita e costruire un futuro più luminoso e sostenibile per tutti. Grazie per aver intrapreso questo viaggio con noi e per il vostro interesse verso una delle discipline più intriganti del nostro tempo.

Glossario

Affermativa positiva: Una frase positiva e motivante che si ripete per influenzare positivamente la propria mente e le proprie emozioni.

Algoritmo di Grover: Algoritmo quantistico per la ricerca in database non strutturati, che offre una velocità quadratica rispetto agli algoritmi classici.

Algoritmo di Shor: Algoritmo quantistico per la fattorizzazione di numeri interi, che ha il potenziale di rompere molti sistemi di crittografia basati sulla fattorizzazione.

Anelli quantistici: Elementi fondamentali della gravità quantistica a loop che formano la struttura discreta dello spazio-tempo.

Bosone di Higgs: Particella elementare prevista dal Modello Standard della fisica delle particelle, la cui scoperta conferma il meccanismo che dà massa alle particelle.

Campo quantistico: Campo che descrive le proprietà e i comportamenti delle particelle quantistiche.

Crittografia quantistica: Sistema di crittografia che utilizza principi quantistici per garantire la sicurezza delle comunicazioni.

Decoerenza: Processo attraverso il quale un sistema quantistico perde le sue proprietà quantistiche a causa dell'interazione con l'ambiente, diventando più classico.

Entanglement: Fenomeno quantistico in cui due o più particelle diventano correlate in modo tale che lo stato di una particella influenza istantaneamente lo stato dell'altra, indipendentemente dalla distanza.

Fotone: Particella elementare che rappresenta un quanto di luce.

Funzione d'onda: Descrizione matematica dello stato quantistico di una particella o sistema, che contiene tutte le informazioni probabilistiche sulle sue proprietà.

Grafene: Materiale costituito da un singolo strato di atomi di carbonio disposti in una struttura a nido d'ape, noto per le sue straordinarie proprietà fisiche.

Interferometro: Dispositivo che utilizza l'interferenza della luce per misurare con precisione distanze, spostamenti e altre grandezze fisiche.

Interpretazione di Copenaghen: Interpretazione della meccanica quantistica che afferma che una particella non ha proprietà definite fino a quando non viene misurata.

Legge dell'Attrazione: Principio secondo il quale i pensieri e le emozioni di una persona possono influenzare direttamente il mondo che la circonda, attirando eventi e circostanze in linea con quei pensieri ed emozioni.

Microtubuli: Strutture presenti nelle cellule che potrebbero operare a livello quantistico, influenzando i processi cognitivi e decisionali.

Multiverso: Teoria che postula l'esistenza di molti universi paralleli, ognuno con le proprie leggi fisiche e costanti fondamentali.

Orbitali molecolari: Descrizione quantistica degli stati energetici degli elettroni in una molecola.

Principio di indeterminazione: Principio della meccanica quantistica, formulato da Heisenberg, che afferma che non è possibile conoscere simultaneamente e con precisione assoluta la posizione e la velocità di una particella.

Qubit: Unità fondamentale dell'informazione quantistica, che può esistere in una sovrapposizione di stati di 0 e 1.

Ripetitore quantistico: Dispositivo utilizzato per estendere l'entanglement quantistico su lunghe distanze, permettendo la trasmissione sicura di informazioni.

Risonanza magnetica quantistica (QMRI): Tecnica di imaging avanzata che utilizza principi quantistici per ottenere immagini ad alta risoluzione del corpo umano.

Sovrapposizione: Principio quantistico secondo il quale una particella può esistere in più stati contemporaneamente fino a quando non viene misurata.

Teoria delle stringhe: Teoria che postula che le particelle fondamentali siano in realtà corde vibranti a una dimensione, che vibrano a diverse frequenze per produrre particelle differenti.

Teoria dei molti mondi: Interpretazione della meccanica quantistica che suggerisce che tutti i possibili esiti di un evento quantistico si realizzano in universi paralleli distinti.

Teoria quantistica dei campi: Teoria che descrive le interazioni delle particelle subatomiche attraverso campi quantistici.

Variabili nascoste: Teoria che propone che le particelle quantistiche abbiano stati ben definiti anche quando non vengono osservate, influenzati da variabili che non possiamo direttamente osservare.

Se pensi che questo libro ti sia piaciuto e ti abbia aiutato ti chiedo solo di dedicarmi pochi secondi a lasciare una breve recensione su Amazon !

Grazie,

Riccardo Ferrara

www.ingramcontent.com/pod-product-compliance
Lightning Source LLC
Chambersburg PA
CBHW071910210526
45479CB00002B/359